高职高专计算机教学改革 **新体系** 规划教材

UML基础与项目实践

李发陵 冷亚洪 主 编

吴平贵 龚玉霞 副主编

清华大学出版社

北 京

内 容 简 介

UML 建模技术是软件技术专业的核心课程。本书采用“工学结合”模式编写，选取了一个实际的商业项目(火车票订购管理系统)并借助统一开发过程(RUP)的生命周期进行讲解，将 UML 2.0 相关知识(10 个 UML 建模图形)应用到 RUP 的各个开发阶段中，不但帮助读者掌握 UML 的理论知识，而且可启发读者将 UML 建模知识应用到软件开发的各个阶段中。本书每章都精心设计了一个与本章内容相关的任务，建议读者掌握章首交代的“知识目标”后完成指定的任务，从而达到课程要求的“能力目标”。另外，本书第 8 章还设计了一个拓展项目(进销存管理系统)，便于读者在学习完 UML 理论知识后进行巩固和复习，从而提高 UML 建模的实践能力。

本书适合作为应用型本科学生或高职学生学习软件建模技术的核心教材。

图书在版编目(CIP)数据

UML 基础与项目实践/李发陵，冷亚洪主编. —北京：清华大学出版社，2014 (2019.1重印)
(高职高专计算机教学改革新体系规划教材)
ISBN 978-7-302-34977-8

Ⅰ. ①U… Ⅱ. ①李… ②冷… Ⅲ. ①面向对象语言－程序设计－高等职业教育－教材 Ⅳ. ①TP312

中国版本图书馆 CIP 数据核字(2013)第 317456 号

责任编辑：陈砺川
封面设计：傅瑞学
责任校对：李　梅
责任印制：李红英

出版发行：清华大学出版社
网　　址：http://www.tup.com.cn，http://www.wqbook.com
地　　址：北京清华大学学研大厦 A 座　　**邮　　编**：100084
社 总 机：010-62770175　　**邮　　购**：010-62786544
投稿与读者服务：010-62776969，c-service@tup.tsinghua.edu.cn
质量反馈：010-62772015，zhiliang@tup.tsinghua.edu.cn
课件下载：http://www.tup.com.cn,010-62795764
印 装 者：三河市君旺印务有限公司
经　　销：全国新华书店
开　　本：185mm×260mm　**印　　张**：11.75　**字　　数**：266 千字
版　　次：2014 年 5 月第 1 版　**印　　次**：2019 年 1 月第 4 次印刷
定　　价：24.00 元

产品编号：052638-01

前言

FOREWORD

美国工业标准化组织(Object Management Group,OMG)在1997年发布了统一建模语言(Unified Modeling Language,UML),它的目标之一是为开发团队提供标准、通用的设计语言,用于开发和构建计算机。它提出了一套标准的建模符号,通过这些符号,开发团队内部、IT专业人员和客户之间很容易就能达到认识和沟通上的一致,从而大大提高软件开发与沟通效率。

UML以简单易学、通俗易懂等特点很快获得IT专业人员的青睐,成为业界标准。目前,在软件开发过程中,无论是售前还是售后,无论需求分析还是设计,UML建模符号几乎无处不在。所以,学习并掌握UML相关知识和建模技巧是IT专业人员必备的技能,也是程序员转变为软件设计师所必须掌握的基本知识。

1. 本书的特色

(1) 本书选取与UML结合最紧密的软件开发过程——统一建模过程(RUP)进行讲解,并模拟了RUP的开发过程,将UML常用的10种建模图形应用到RUP的各个阶段,帮助读者不但学会UML建模知识,而且掌握UML建模工具的使用方法。

(2) 本书注重"工学结合",以一个真实的商业项目(火车票订购管理系统)为主线,将大部分实用的UML建模知识及图形运用到软件开发过程中,在学中做、做中学,最大限度提高读者应用UML建模知识的能力。

(3) 本书中有大量的案例,这些案例是从火车票订购管理系统开发过程中选取出来的,它们不但可以最大限度地帮助读者理解UML建模知识,还可以帮助读者理解在软件开发过程中如何使用UML图形进行建模。

(4) 本书安排了一个拓展项目(进销存管理系统),这个项目是完全真实的商业项目,不但提供了基本的业务需求,还介绍了比较详细的用户需求。读者可以根据进销存管理系统的需求用UML建模,从而达到巩固知识,提高对UML建模工具的应用能力与实战能力的目的。

2. 本书主要内容

本书共分为8章。第1章介绍软件工程的基本概念,使读者认识软件工程,建立软件工程的基本理念。第2章详细介绍统一开发过程,使读者了解统一开发过程的基本知识及优势,了解统一开发过程与UML之间的关系,为在RUP各个阶段中使用UML建模图形打好基础。第3章介绍UML建模工具(Enterprise Architect,EA)及其使用方法。第 4 章介绍业务建模的概念及作用,使读者掌握如何使用活动图进行业务建模。第 5 章详细介绍如何使用用例法进行需求分析,使读者能使用用例图进行用例建模,并掌握编写用例需求规约的方法与技巧。第 6 章介绍如何使用包图、组件图及部署图描述架构设计。第 7 章介绍如何使用类图、对象图、状态图、顺序图和协作图进行分析、设计,并介绍如何编写用例实现规约以将设计过程文档化。第 8 章介绍进销存管理系统的业务及用户需求,同时给出软件开发实施指南,读者只需按照步骤完成指定的工作任务即可达到复习、巩固 UML 建模知识,提高 UML 应用能力的目的。

3. 学时安排建议

本课程注重提高动手能力,建议安排理论 18 学时,实践 14 学时(其中第 3~7 章分别安排一定的实践学时加强读者绘制 UML 图形的能力,第 8 章安排 6 个实践学时巩固综合应用能力,建议教师在实践过程中全程指导)。学时安排建议见下表。

学时安排建议

章节内容	理论	实践	
	学时	学时	实践内容
第 1 章　概述	2	0	
第 2 章　统一开发过程简介	2	0	
第 3 章 Enterprise Architect 工具	1	1	安装 Enterprise Architect 绘制简单的用例图、类图
第 4 章　业务建模	1	1	练习活动图 用活动图描述火车票订购管理系统业务流程
第 5 章　需求分析	1	1	练习用例图 编写火车票订购管理系统中部分用例的用例需求规约
第 6 章　架构设计	1	2	练习组件图、部署图和包图
第 7 章　分析与设计	3	3	练习类图,设计火车票订购管理系统类 练习对象图、状态图和协作图 练习顺序图,描述火车票订购管理系统架构的场景视图
第 8 章　拓展项目	7	6	综合应用 RUP 开发过程和 UML 建模知识分析设计物流管理系统

第 2~6 章、第 8 章由李发陵编写,第 1 章和第 7 章由冷亚洪编写。由于编者水平和时间有限,书中难免存在不足之处,敬请读者批评指正。编者的邮箱地址是 li_faling@163.com。

编　者

2014 年 1 月

目录

CONTENTS

第 1 章

概　述

Chapter 1

本章任务

学习软件工程基础知识。

知识目标

(1) 了解常用的几种软件开发模型。
(2) 掌握软件工程三要素。
(3) 了解 UML 的特点。
(4) 掌握 UML 建模步骤。

能力目标

(1) 能描述软件工程的基本要求。
(2) 能描述 UML 建模的步骤。

任务描述

通过对软件工程基础知识的学习,了解常用软件开发模型的区别,特别是 UML 在软件开发过程中的作用,从而理解为什么要学习 UML。

1.1 软件开发模型

软件开发模型(Software Development Model)是指软件开发全部过程、活动和任务的结构框架。软件开发包括需求、设计、编码和测试等阶段,有时也包括维护阶段。软件开发模型能清晰、直观地表达软件开发全过程,明确规定了要完成的主要活动和任务,用来作为软件项目工作的基础。对于不同的软件系统,可以采用不同的开发方法、使用不同的程序设计语言,可以有各种不同技能的人员参与工作、运用不同的管理方法和手段等,允许采用不同的软件工具,有不同的软件工程环境。

典型的、使用率最高的开发模型有:

(1) 瀑布模型(Waterfall Model);

(2) 统一过程模型(Unified Process Model);

(3) 敏捷开发模型(Agile Model)。

1.1.1 瀑布模型

瀑布模型(Waterfall Model)是一个项目开发架构,它诞生于 20 世纪 70 年代,是最经典的并获得广泛应用的软件过程模型。瀑布模型在软件工程中占有重要地位,它提供了软件开发的基本框架。其过程是将上一项活动接收该项活动的工作对象作为输入,利用这一输入实施该项活动应完成的内容给出该项活动的工作成果,并作为输出传给下一项活动。同时评审该项活动的实施,若确认,则继续下一项活动;否则返回前面,甚至更前面的活动。图 1-1 是传统瀑布模型的图样表示。

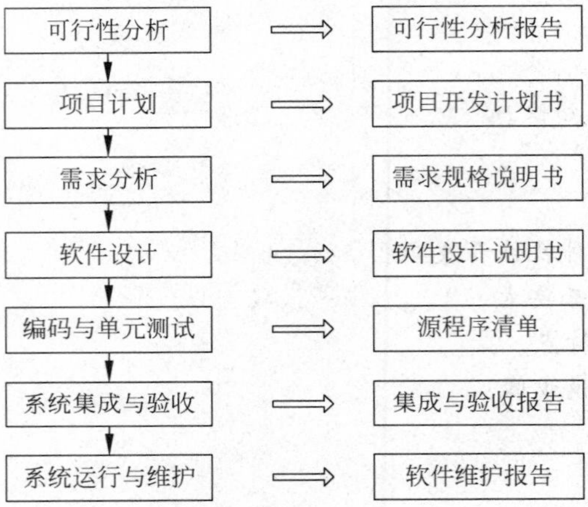

图 1-1 瀑布模型

瀑布模型中的"瀑布"是对这个模型的形象表达,其核心思想是按工序将问题化简,将功能的实现与设计分开,便于分工协作,即采用结构化的分析与设计方法将逻辑实现与物理实现分开。其将软件生命周期划分为可行性分析、项目计划、需求分析、软件设计、编码与单元测试、系统集成与验收和系统运行与维护 7 个基本活动,并且规定了它们自上而下、相互衔接的固定次序,如同瀑布流水,逐级下落,逐层细化。瀑布模型中的逐层细化则是指对软件问题的不断分解而使问题不断具体化、细节化,以方便问题的解决。

1. 瀑布模型的特点

(1) 线性化模型结构。瀑布模型所考虑的软件项目是一种稳定的线性过程。项目被划分为从上至下按顺序进行的几个阶段,阶段之间有固定的衔接次序,并且前一阶段输出的成果作为后一阶段的输入条件。

(2) 各阶段具有里程碑特征。瀑布模型中的阶段只能逐级到达,不能跨越,而且每个阶段都有明确的任务,都需要产生出确定的成果。

(3) 基于文档的驱动。文档在瀑布模型中是每个阶段的成果体现,因此文档也就成为各个阶段的里程碑标志。由于后一阶段工作的开展是建立在前一阶段所产生的文档基础之上,因此文档也就成为推动下一阶段工作开展的前提动力。

(4) 严格的阶段评审机制。在某个阶段的工作任务已经完成,并准备进入下一个阶段之前，需要针对这个阶段的文档进行严格的评审，直到确认后才能启动下一阶段的工作。

2. 瀑布模型的作用

瀑布模型是一种基于里程碑的阶段过程模型，它所提供的里程碑式的工作流程，为软件项目按规程管理提供了便利，例如按阶段制订项目计划、分阶段进行成本核算、进行阶段性评审等，为提高软件产品质量提供了有效保证。

瀑布模型的作用还体现在文档上。每个阶段都必须完成规定的文档，并在每个阶段结束前要对完成的文档进行评审。这种工作方式有利于软件错误的尽早发现和尽早解决，并为软件系统今后的维护带来了很大的便利。应该说，瀑布模型作为经典的软件过程模型，为其他过程模型的推出提供了一个良好的拓展平台。

3. 带信息反馈的瀑布模型

在实际的软件项目中存在许多不稳定因素。例如，开发中的工作疏漏或通信误解；在项目实施中途，用户可能会提出一些新的要求；开发者也可能在设计中遇到某些未曾预料的实际困难，希望在需求中有所权衡等。

考虑到许多实际项目中阶段之间有通信的需要，也就有了一种经过改进的，跟实际开发环境更加接近的瀑布模型，如图 1-2 所示。改进后的瀑布模型带有信息反馈环，能够逐级地将后续阶段的意见返回，并在问题解决之后，再逐级地将修正结果下传。

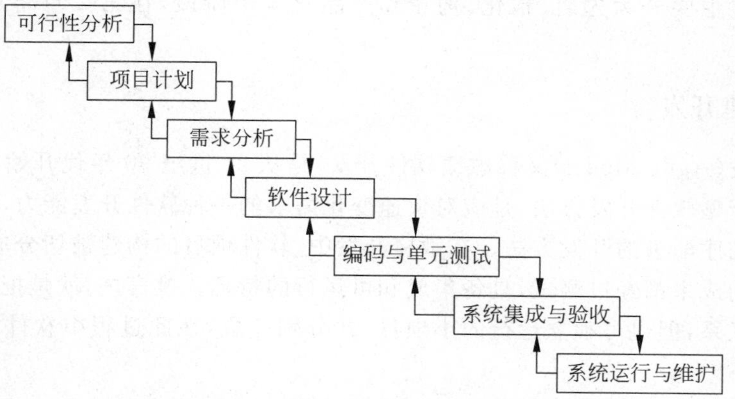

图 1-2 带信息反馈的瀑布模型

需要注意的是，为了确保文档内容的一致性，信息反馈过程中任何有关影响文档变更的行为，只能在相邻阶段之间逐级地进行。

4. 瀑布模型的局限

(1) 在项目各个阶段极少有反馈。

(2) 只有在项目生命周期的后期才能看到结果。瀑布模型是一种线性模型，要求项目严格按规程推进，必须等到所有开发工作全部做完以后才能获得可以交付的软件产品。所以，通过瀑布模型不能对软件系统进行快速创建，对于一些急于交付的软件系统的开发，瀑布模型有操作上的不便。

(3) 通过过多的强制完成日期和里程碑跟踪各个项目阶段。

(4) 瀑布模型的突出缺点是不能适应用户需求的变化。瀑布模型主要适合于需求明确,且无大的需求变更的软件开发,例如编译系统、操作系统。但是,对于那些分析初期需求模糊的项目,例如那些需要用户共同参加需求定义的项目,瀑布模型有使用上的不便。

5. 瀑布模型的用户需求

尽管瀑布模型有一定局限性,但是它对很多类型的项目依然是有效的,如果正确使用,可以节省大量的时间和金钱。对于项目而言,是否使用这一模型主要取决于是否能理解客户的需求以及在项目的进程中这些需求的变化程度。对于经常变化的项目而言,瀑布模型毫无价值,对于这种情况,可以考虑其他的架构来进行项目管理,例如名为螺旋模型(Spiral Model)的方法。

1.1.2 统一过程

统一过程(Unified Process,UP)是一种以用例驱动、以体系结构为核心、迭代及增量的软件过程模型,由 UML 方法和工具支持,广泛应用于各类面向对象项目,如本书中讨论的统一软件过程 RUP(Rational Unified Process)。

RUP 是 Rational 公司开发和维护的过程产品,又称为统一软件过程。它提供了在开发组织中分派任务和责任的纪律化方法。它的目标是在可预见的日程和预算前提下,确保满足最终用户需求的高质量产品。

统一过程主要分为先启、精化、构建和产品化 4 个阶段,在第 2 章将对此做详细的说明。

1.1.3 敏捷开发

敏捷开发(Agile Model)又称敏捷软件开发,是从 20 世纪 90 年代开始逐渐引起广泛关注的一些新型软件开发方法,是应对快速变化需求的一种软件开发能力,是一种以人为核心,迭代、循序渐进的开发方法。在敏捷开发中,软件项目的构建被切分成多个子项目,各个子项目的成果都经过测试,具备集成和可运行的特征。换言之,就是把一个大项目分为多个相互联系,但也可独立运行的小项目,并分别完成,在此过程中软件一直处于可使用状态。

1. 敏捷开发的路线

图 1-3 展示了敏捷开发的线路图。

(1) 测试驱动开发(Test-Driven Development)

测试驱动开发是敏捷开发最重要的部分。测试驱动开发的基本思想就是在开发功能代码之前,先编写测试代码,然后只编写使测试通过的功能代码,从而以测试驱动整个开发过程的进行。这有助于编写简洁可用和高质量的代码,有很高的灵活性和健壮性,能快速响应变化,并加速开发过程。

(2) 持续集成(Continuous Integration)

在以往的软件开发过程中,集成是一件很痛苦的事情,通常很长时间才会做一次集成,这样,会引发很多问题,如编译未通过或者单元测试失败。在敏捷开发中提倡持续集成,一天之内集成十几次甚至几十次,如此频繁的集成能尽量减少冲突,由于集成很频繁,

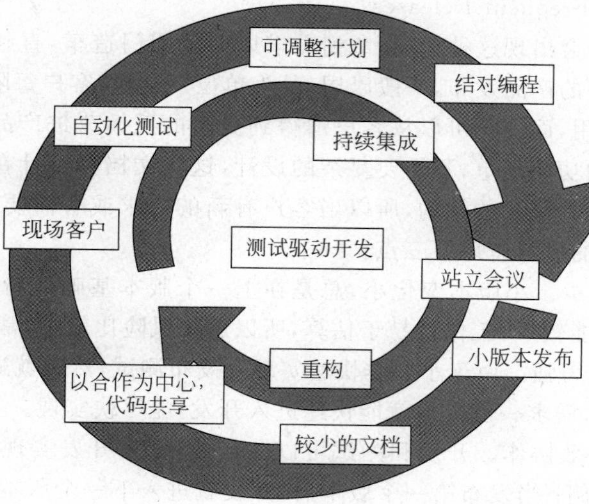

图 1-3 敏捷开发的路线图

每一次集成的改变也很少，即使集成失败也容易定位错误。一次集成要做哪些事情呢？它至少包括以下内容：获得所有源代码、编译源代码、运行所有测试，包括单元测试、功能测试等；确认编译和测试是否通过，最后发送报告。当然也会做一些其他的任务，例如代码分析、测试覆盖率分析等。

(3) 重构(Refactoring)

市面上有很多的书介绍重构，最著名的有 Martin 的《重构》，Joshua 的《从重构到模式》等。重构是在不改变系统外部行为的前提下，对内部结构进行整理优化，使得代码尽量简单、优美、可扩展。在以往开发中，通常是在有需求过来，目前的系统架构不容易实现的情况下，对原有系统进行重构；或者在开发过程中有剩余时间了，对现有代码进行重构整理。但是在敏捷开发过程中，重构贯穿于整个开发流程，在开发者每一次 check in 代码之前，都要对所写代码进行重构。值得注意的是，在重构时，每一次改变要尽可能少，用单元测试保证重构是否引起冲突，并且不只是对实现代码进行重构，如果测试代码中有重复，也要对它进行重构。

(4) 结对编程(Pair-Programming)

在敏捷开发中，做任何事情都是成对(Pair)的，包括分析、写测试、写实现代码或者重构。成对做事有很多好处，两个人在一起探讨很容易产生思想的火花，也不容易走上偏路。

(5) 站立会议(Stand Up)

每天早上，项目组的所有成员都会站立进行一次会议。由于是站立的，所以时间不会很长，一般来说是 15～20 分钟。会议的内容并不是需求分析、任务分配等，而是每个人回答 3 个问题：①你昨天做了什么？②你今天要做什么？③你遇到了哪些困难？站立会议让团队进行交流，彼此相互熟悉工作内容，如果有人曾经遇到过和你类似的问题，在站立会议后，他就会和你进行讨论。

(6) 小版本发布(Frequent Releases)

在敏捷开发中,不会出现这种情况,拿到需求以后就闭门造车,直到最后才将产品交付给客户,而是尽量多的产品发布,一般以周、月为单位。这样,客户每隔一段时间就会拿到发布的产品进行试用,而公司可以从客户那得到更多的反馈改进产品。正因为发布频繁,每一个版本新增的功能简单,不需要复杂的设计,这样文档和设计在很大程度上简化了。因为简单设计,没有复杂的架构,所以当客户有新的需求或者需要进行变动时,能很快适应。小版本发布的优势有以下三点。

① 总体风险比较少。小版本变化小,总是在上一个版本基础上局部调整,技术复杂度低。由于规划的功能较少,工作量易于估算,所以总体风险比较少,常常能如期发布。

② 需求的接纳能力强。由于小版本快速实现并发布测试,然后就进入下一个版本的规划实现周期,这样新需求一旦提出就能快速进入开发,能尽快实现。

③ 测试和开发高效协作。开发和测试可以并行工作,当开发实现第一个版本时,测试设计测试方案和用例;当发布第一个版本后,开发就进入下一个版本轮次,测试就应用测试方案测试刚才发布的版本,提交 Bug;开发在下一个版本结束时修正所有上一轮发现的 Bug,然后发布新版本,如此循环往复,开发和测试实现高效协作。

(7) 较少的文档(Minimal Documentation)

很多人认为在敏捷开发中没有文档,其实不然,有大量的文档,即测试。这些测试代码真实地反映了客户的需求以及系统的应用程序编程接口(Application Programming Interface,API)的用法,如果有新人加入团队,最快的熟悉项目的方法是给他看测试代码,这比一边看文档一边进行调试(Debug)高效。如果用书面文档或者注释,当某天代码变化了,需要对这些文档进行更新时,一旦忘记更新文档,就会出现代码和文档不匹配的情况,这更加会让人迷惑。而在敏捷开发中并不会出现上述问题,因为只有测试变化了,代码才会变化,测试是真实反映代码的。所以在敏捷开发中,大量的文档是测试文档。

敏捷开发其实非常重视文档的作用和文档的维护。它认为文档宜少且精练,一般情况下建议开发并维护《软件需求规格说明书》、《架构设计文档》及《项目管理计划》3 份文档。其中《软件需求规格说明书》文档定义软件应该具有的功能、边界等,使软件相关的涉众对软件有一致的理解。它作为用户同开发团队之间共同的讨论基础,并在开发过程中不断地更新维护。《架构设计文档》描述软件如何实现,内部之间是什么关系。《项目管理计划》文档计划如何分期实现、测试、发布等。

(8) 以合作为中心,表现为代码共享(Collaborative Focus)

在敏捷开发中,代码归团队所有,不是模块的代码属于某些人。每个人都有权利获得系统任何一部分的代码然后修改它,如果有人看到某些代码不爽,他就能对这部分代码重构,不需要征求代码作者的同意,而且很可能也不知道是谁写的这部分代码。这样每个人都能熟悉系统的代码,即使团队的人员变动,也没有风险。

(9) 现场客户(Customer Engagement)

在敏捷开发中,客户是与开发团队一起工作的,团队到客户现场进行开发或者邀请客户到团队公司里来开发。如果开发过程中有什么问题或者产品经过一个迭代后,就能够以最快速度得到客户的反馈。

(10) 自动化测试(Automated Testing)

为了减少人力或者重复劳动,所有的测试包括单元测试、功能测试或集成测试等都是自动化的,这对QA(Quality Assurance,品质保证)人员提出了更高的要求。他们要熟悉开发语言、自动化测试工具,能够编写自动化测试脚本或者用工具录制。

(11) 可调整计划(Adaptive Planning)

在敏捷开发中,计划是可调整的,并不是像以往的开发过程中,需求分析→概要设计→详细设计→开发 →测试→交付,每一个阶段都是有计划地进行,一个阶段结束便开始下一个阶段。而在敏捷开发中只有一次一次的迭代,小版本的发布,并根据客户反馈随时做出相应的调整和变化。

敏捷开发过程与传统的开发过程有很大不同,在这过程中,团队是有激情有活力的,能够适应更大的变化,做出更高质量的软件。

2. 敏捷开发的特点

敏捷开发方法主要有两个特点,是其区别于其他方法,尤其是重型方法的最主要特征。

(1) 敏捷开发方法是"适应性"(Adaptive)而非"预设性"(Predictive)。

预设性,可以通过一般性工程项目的做法理解,比如土木工程,在这类工程实践中,有比较稳定的需求,同时建设项目的要求也相对固定,所以此类项目通常非常强调施工前的设计规划。只要图纸设计得合理并考虑充分,施工队伍可以遵照图纸顺利建造,并且可以很方便地把图纸划分为许多更小的部分交给不同的施工人员完成。

然而,在软件开发的项目中,这些稳定的因素很难寻求。软件的设计难处在于软件需求的不稳定,从而导致软件过程的不可预测。但传统的控制项目模式都是试图对一个软件开发项目在很长的时间跨度内做出详细的计划,然后依计划进行开发。所以,这类方法在不可预测的环境下,很难适应变化,甚至是拒绝变化。

与之相反的敏捷方法则是欢迎变化,目的就是成为适应变化的过程,甚至能允许改变自身来适应变化,所以称为适应性方法。

(2) 敏捷开发方法是"面向人"(People Oriented)而非"面向过程"(Process Oriented)。

世界五大软件开发教父之一的Matin Fowler认为:"在敏捷开发过程中,人是第一位的,过程是第二位的。所以就个人来说,应该可以从各种不同的过程中找到真正适合自己的过程。"这与软件工程理论提倡的先过程后人正好相反。

在传统的软件开发工作中,项目团队分配工作的重点是明确角色的定义,以个人的能力去适应角色,而角色的定义就是为了保证过程的实施,即个人以资源的方式被分配给角色,同时,资源是可以替代的,而角色不可以替代。

敏捷开发的目的是建立起一个团队全员都可以参与到软件开发中的项目,包括设定软件开发流程的管理人员,只有这样软件开发流程才有可接受性。同时敏捷开发要求研发人员能够独立自主地在技术上进行决策,因为他们是最了解什么技术是需要和不需要的。再者,敏捷开发特别重视项目团队中的信息交流,有调查显示,项目失败的原因最终都可追溯到信息没有及时准确地传递到应该接受它的人。

3. 敏捷宣言和敏捷12原则

敏捷不是一个过程，是一类过程的统称。它们有一个共性，就是符合敏捷价值观，遵循敏捷的原则。

敏捷的价值观如下：

- 个体和交互胜过过程和工具；
- 可以工作的软件胜过面面俱到的文档；
- 客户合作胜过合同谈判；
- 响应变化胜过遵循计划。

由价值观引出以下12条敏捷原则。

(1) 最优先要做的是通过尽早地、持续地交付有价值的软件来使客户满意。

(2) 即使到了开发的后期，也欢迎改变需求。敏捷过程利用变化为客户创造竞争优势。

(3) 经常性地交付可以工作的软件，交付的间隔可以从几个星期到几个月，交付的时间间隔越短越好。

(4) 在整个项目开发期间，业务人员和开发人员必须天天都在一起工作。

(5) 围绕被激励起来的个体构建项目。给他们提供所需的环境和支持，并且信任他们能够完成工作。

(6) 在团队内部，最具有效果并且富有效率的传递信息的方法，是面对面的交谈。

(7) 工作的软件是首要的进度度量标准。

(8) 敏捷过程提倡可持续的开发速度。责任人、开发者和用户应该能够保持一个长期的、恒定的开发速度。

(9) 不断地关注优秀的技能和好的设计会增强敏捷能力。

(10) 简单——使未完成的工作最大化的艺术——是根本的。

(11) 最好的构架、需求和设计来自于自组织的团队。

(12) 每隔一定时间，团队会在如何才能更有效地工作方面进行反省，然后相应地对自己的行为进行调整。

1.2 软件工程三要素

软件工程包含技术和管理两方面的内容，是管理与技术的紧密结合。管理是通过计划、组织和控制等一系列活动，合理地配置和使用各种资源，达到既定目标的过程。技术是把在软件生命周期全过程中使用的一整套技术的集合，其可称为方法学(Methodology)，也可称为范型(Paradigm)。在软件工程范畴中，这两个词的含义基本相同。

软件工程方法学包括3个要素，即方法、工具和过程。下面作详细讲解。

1.2.1 方法

软件工程方法为软件开发提供了“如何做”的技术。它包括多方面的任务，如项目计划与估算、软件系统需求分析、数据结构、系统总体结构的设计、算法过程的设计、编码、测试以及维护。

目前使用最广泛的软件工程方法学，分别是结构化软件开发方法和面向对象开发方法。

1. 结构化软件开发方法

结构化软件开发方法采用结构化技术（结构化分析、结构化设计、结构程序设计和结构化测试）完成软件开发的各项任务，并使用适当的软件工具或软件工程环境支持结构化技术的运用。

结构化软件开发方法使用自顶向下、逐层分解的系统分析方法定义系统需求，常用的结构化设计和分析方法是美国 Yourdan 公司提出的结构化分析和设计方法（SA/SD）。

结构化分析方法根据分解与抽象的原则，按照系统中数据处理的流程，用数据流图建立系统的功能模块，从而完成需求分析工作。其包括下列工具：数据流图（DFD）、数据字典、结构化语言、判定树和判定表，核心是 DFD。DFD 包括以下 4 种符号。

→：数据流。

□：表示数据源（终点）。

○：表示对数据的加工。

〓：表示对数据的存储。

结构化设计是在结构化分析的基础上，使用模块化和自顶向下逐步细化技术，将数据流图等结构化分析的结果转化为软件系统总体结构，并用软件结构图来建立系统的物理模型，实现系统的概要设计。

结构化软件开发方法是 20 世纪 70 年代和 80 年代占主导地位的软件开发方法，它有效地遏制了软件危机的蔓延，直到现在仍在发挥作用。结构化方法简单实用、技术成熟、应用广泛，但难以承担大规模的项目或特别复杂的项目，难以解决软件重用（复用）问题，难以适应需求变化，且软件维护依然比较复杂。

2. 面向对象开发方法

面向对象方法（Object-Oriented Method）是一种把面向对象的思想应用于软件开发过程中，指导开发活动的系统方法，简称 OO（Object-Oriented）方法，是建立在"对象"概念基础上的方法学。对象是由数据和容许的操作组成的封装体，与客观实体有直接对应关系，一个对象类定义了具有相似性质的一组对象。而每继承性是对具有层次关系的类的属性和操作进行共享的一种方式。面向对象是基于对象概念，以对象为中心，以类和继承为构造机制，认识、理解、刻画客观世界和设计、构建相应的软件系统。面向对象的软件开发从现实的模型开始，目的是完成对问题空间的分析和建立系统模型，具体任务是确定和描述系统中的对象、对象的静态属性和动态特征、对象间的关系及对象的行为约束等。

面向对象开发方法包括面向对象分析方法（Object-Oriented Analysis，OOA）、面向对象设计方法（Object-Oriented Design，OOD）和面向对象程序设计（Object-Oriented Programming，OOP），其核心是面向对象程序设计方法。

（1）面向对象分析的原则

① 构造和分解相组合的原则。构造是指由基本对象组装复杂对象的过程；分解是指由大粒度对象进行精化从而完成系统模型的细化过程。

② 抽象化和具体化相结合的原则。抽象化强调实体的本质和内在属性，而忽略与问

题无关的属性。具体化是在精化过程中，必须刻画对象的必要细节，有助于确定系统对象，加强系统模型的稳定性。

③ 封装的原则。封装是指将对象各种独立的外部特征与内部实现细节分开。每个对象和对象的每个操作都封装或隐蔽一些设计决策；对象接口与内部工作状态相分离。

④ 相关的原则。对象之间的关联。

⑤ 行为约束的原则。行为约束表示对象合法性及对象合法执行应满足的约束条件。

(2) 面向对象分析的内容

① 静态结构分析描述对象、类之间的关系。如对象之间的关系有泛化与特殊化的关系、聚合关系、关联关系。

② 动态结构分析包括单个对象自身的生命周期演化，整个对象系统中对象间的消息传递和协同工作。其中对象自身的生命周期演化包括对象在生命周期可能的状态，对象发生状态转化时要执行的动作，导致对象状态转化的事件。

(3) 面向对象设计的内容

① 系统设计。系统设计是对软件系统结构的总体设计，包括系统层次结构设计、系统数据存储设计、系统资源访问设计、网络与分布设计、并发性设计和对象互操作方式设计。

② 对象设计。对象设计是根据具体的实现策略，对分析模型进行扩展的过程。对象设计经常要扩充对分析模型实现的支持、对人机交互的支持、对资源访问和数据存储的支持、对网络访问的支持等内容。与分析模型相对应，对象设计主要包括静态结构设计和动态结构设计。

1.2.2 工具

软件工具为软件工程方法提供了自动的或半自动的软件支撑环境。目前，已经推出了许多软件工具，这些软件工具集成起来，建立起可以称之为计算机辅助软件工程(CASE)的软件开发支撑系统。CASE将各种软件工具、开发机器和一个存放开发过程信息的工程数据库组合起来形成一个软件工程环境（Software Engineering Environment，SEE）。

1. 软件工程环境(SEE)

软件开发环境是面向软件整个生存周期，SEE是实现软件生产工程化的重要基础。它建立在先进软件开发方法的基础上，正影响和改变着软件生产方式，反过来又进一步促进了软件方法的推广与流行。

SEE包括生产一个软件系统所需要的过程、方法和自动化的集合。建立一个开发环境首先要确定一种开发过程模型，提出成套的、有效的开发方法，然后在这一基础上利用各种软件工具实现开发活动的自动化。SEE有一套包括数据集成、控制集成和界面集成的集成机制，让各个工具使用统一的规范存取环境信息库，采用统一的用户界面，同时为各个工具或开发活动之间的通信、切换、调度和协同工作提供支持。

SEE用于辅助软件开发、运行、维护和管理等各种活动，是一个软件工具集（或工具包）。这不仅意味着SEE支持开发功能的扩大，也反映了工具集成化程度的提高。软件工具是指能支持软件生存周期中某一阶段(如需求分析、系统定义、设计、编码、测试或维护)的需要而使用的软件系统。软件设计的理论、模型、方法论、表示法上的研究成果,构成软件工具的重要基础,因此软件工具的研制应该与整个软件工程的理论方法紧密结合起来。软件工具的另一个基础是计算机的许多先进技术,包括编译技术、数据库技术、人工智能技术、交互图形技术和 VLSI 技术等。

2. 软件 CASE 工具

软件工具应具有较强的通用性,不应依赖于某一实现环境、某一高级语言和某种设计方法。一般来说,越是基础的、越是成熟的,往往通用性较好;而一些和软件开发方法有关的软件工具,则往往专用程度较高。

计算机辅助软件工程(CASE)是通过一组集成化的工具,辅助软件开发者实现各项活动的全部自动化,使软件产品在整个生存周期中,开发和维护生产率得到提高,质量得到保证。CASE 环境、CASE 工具、集成化 CASE(I-CASE)等,实际是一切现代化软件开发环境的代名词。CASE 环境的组成构件如图 1-4 所示。CASE 环境应具有以下功能。

(1) 提供一种机制,使环境中的所有工具可以共享软件工程信息。

(2) 每一个信息项的改变,可以追踪到其他相关信息项。

(3) 对所有软件工程信息提供版本控制和配置管理。

(4) 对环境中任何工具,可进行直接的、非顺序的访问。

(5) 在标准的分解结构中提供工具和数据的自动支持。

(6) 使每个工具的用户,共享人机界面所有的功能。

(7) 收集能够改善过程和产品的各项度量指标。

(8) 支持软件工程师们之间的通信。

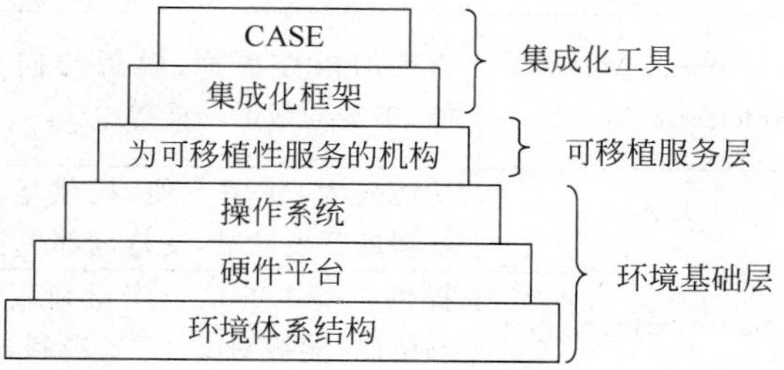

图 1-4 CASE 环境的组成构件

3. CASE 工具分类标准及特点

CASE 工具分类的标准可分为以下 3 种。

(1) 功能。功能是对软件进行分类的最常用的标准。

(2) 支持的过程。根据支持的过程,工具可分为设计工具、编程工具、维护工具等。

(3) 支持的范围。根据支持的范围,工具可分为窄支持、较宽支持和一般支持工具。窄支持是指支持过程中特定的任务,较宽支持是指支持特定过程阶段。一般支持是指支持覆盖软件过程的全部阶段或大多数阶段。

1993 年,Fuggetta 根据 CASE 系统对软件过程的支持范围,提出 CASE 系统可分为以下三类。

(1) 支持单个过程任务的工具。工具可能是通用的，或者也可能归组到工作台。

(2) 工作台支持某一过程所有活动或某些活动。它们一般以或多或少的集成度组成工具集。

(3) 环境支持软件过程所有活动或至少大部分。它们一般包括几个不同的工作台，并将这些工作台以某种方式集成起来。

CASE 方法与其他方法相比有以下几方面的应用特点。

(1) 解决了从客观世界对象到软件系统的直接映射问题，强有力地支持软件、信息系统开发的全过程。

(2) 使结构化方法更加实用。

(3) 自动检测的方法提高了软件的质量。

(4) 使原型化方法和 OO 方法付诸于实施。

(5) 简化了软件的管理和维护。

(6) 加速了系统的开发过程。

(7) 使开发者从大量的分析设计图表和程序编写工作中解放出来。

(8) 使软件的各部分能重复使用。

(9) 产生出统一的标准化的系统文档。

4. CASE 工具分类

在软件开发过程中，要使用很多种软件开发工具，表 1-1 列举了常用的工具分类信息。

表 1-1　软件工程工具分类

工具类型	代表性的工具名称	特　点	使用软件工程阶段
文档编写工具	Microsoft Word、Microsoft Visio、Enterprise Architect	直观的操作界面、模板与向导功能、丰富的帮助功能等	软件开发权过程
分析与设计工具	Power Designer	功能强大，使用方便，提供增量的数据库开发功能，支持局部更新等	实现、测试、有效性验证
版本控制工具	Visual Soure Safe、SVN、CVS	提供了基本的认证安全和版本控制机制，能够对文本、二进制、图形图像等文件进行版本控制	设计、实现
配置管理工具	Clear Case	功能强大，但使用复杂，采用许多新的配置管理思想；支持多版本、并行开发等	设计、实现
测试工具	WinRunner、LoadRunner	WinRunner 能够提高测试人员的工作效率和质量；LoadRunner 能对整个企业架构进行测试，缩短测试时间，优化性能和加速应用系统的发布周期	实现、测试、有效性验证

续表

工具类型	代表性的工具名称	特　点	使用软件工程阶段
维护工具	Concurrent Version System	主要用于在多人开发环境下的源码的维护，实际上 CVS 可以维护任意文档的开发和使用	软件开发权过程
调试工具	交互式调试系统		实现、测试、有效性验证
再工程工具	交叉索引系统、程序重构系统		实现
程序分析工具	交叉索引生成器、静态/动态分析器		实现、测试、有效性验证

常用的 CASE 工具有 Visio、Enterprise Architect、Rose、VSS、SVN、Project、Power Designer、WinRunner、LoadRunner、Eclipse 等，它们的功能及作用见表 1-2。

表 1-2　常用的软件工程工具

工具名称	主 要 功 能	环 境 要 求
Visio	强大的绘图功能，用形象的图形记录设计复杂的设想、过程和系统	Windows 操作系统
Enterprise Architect	UML 分析和设计工具，支持全部 13 种 UML 2.0 图表和相关的图表元素，覆盖了系统开发的整个周期，除了开发类模型之外，还包括事务进程分析、使用案例需求、动态模型、组件和布局、系统管理、非功能需求、用户界面设计、测试和维护等	Windows 操作系统
Rose	能满足所有建模环境（Web 开发，数据建模，Visual Studio 和 C++）需求能力和灵活性	Windows、NT、Alpha NT、SGI、Solaris、AIX、Digital UNIX 及 HP-UX
VSS	负责项目文件的管理	Windows 操作系统
SVN	主要用于在多人开发环境下的源码的维护	Windows 操作系统
Project	项目管理工具	Windows 操作系统
Power Designer	分别从概念模型和物理数据模型两个层次对数据库进行设计	Windows 操作系统
WinRunner	用于检测应用程序是否能够达到预期的功能及正常运行	Windows 操作系统
LoadRunner	预测系统行为和性能的工业标准级负载测试工具，能优化系统性能	Windows 操作系统
Eclipse	主要用于 Java 语言开发，但是目前亦有人通过插件使其作为其他计算机语言如 C++ 和 Python 的开发工具	操作系统

1.2.3 过程

软件工程的过程则是将软件工程的方法和工具综合起来以达到合理、及时地进行计算机软件开发的目的。过程定义了方法使用的顺序、要求交付的文档资料、为保证质量和协调变化所需要的管理及软件开发各个阶段完成的里程碑。它规定了完成各项任务的工作步骤，概括地说，软件过程描述为了开发出客户需要的软件，什么人，在什么时候，做什么事以及怎样做这些事以实现某一特定的具体目标。

软件开发过程中的主要环节及主要内容如下。

1. 问题定义

问题定义阶段必须回答的关键问题是“要解决的问题是什么”，如果不知道问题是什么就试图解决这个问题，显然是盲目的，只会白白浪费时间和金钱，最终得出的结果很可能是毫无意义的。

2. 可行性研究

这个阶段要回答的关键问题是“对于上一个阶段所确定的问题是否有行得通的解决办法”。可行性研究应该比较简短，这个阶段的任务不是具体解决问题，而是研究问题的范围，探索这个问题是否值得解决，是否有可行的解决办法。

3. 需求分析

这个阶段的任务仍然不是具体地解决问题，而是准确地确定“为了解决这个问题，目标系统必须做什么”，主要是确定目标系统必须具备哪些功能。

4. 总体设计

这个阶段必须回答的关键问题是“概括地说，应该怎样实现目标系统”。总体设计又称为概要设计。

5. 详细设计

详细设计阶段的任务是把解决方法具体化，也就是回答下面这个问题：“应该怎样具体地实现这个系统呢?”

6. 编码和单元测试

这个阶段的关键任务是写出正确、容易理解、容易维护的程序模块。

7. 综合测试

这个阶段的关键任务是通过各种类型的测试(及相应的调试)使软件达到预定的要求。应该用正式的文档资料把测试计划，详细测试方案以及实际测试结果保存下来，作为软件配置的一个组成部分。

8. 软件维护

维护阶段的关键任务是通过各种必要的维护活动使系统持久地满足用户的需要。

1.3 UML

1.3.1 简介

建模是建立模型，是为了理解事物而对事物做出的一种抽象，是对事物的一种无歧义的书面描述。

UML(Unified Modeling Language,统一建模语言)是用来对软件密集系统进行可视化建模的一种语言。UML为面向对象开发系统的产品进行说明、可视化和编制文档的一种标准语言。UML是非专利的第三代建模和规约语言,它是在开发阶段,说明可视化、构建和书写一个面向对象软件密集系统的制品的开放方法。UML展现了一系列最佳工程实践,这些最佳实践在对大规模、复杂系统进行建模方面,特别是在软件架构层次已经被验证有效。UML被OMG采纳作为业界的标准,最适于数据建模、业务建模、对象建模、组件建模。

1.3.2 UML发展史

公认的面向对象建模语言出现于20世纪70年代中期。1989—1994年,其数量从不到10种增加到了50多种。在众多的建模语言中,语言的创造者努力推崇自己的产品,并在实践中不断完善。但是,面向对象方法的用户并不了解不同建模语言的优缺点及相互之间的差异,因而很难根据应用特点选择合适的建模语言,于是爆发了一场“方法大战”。在20世纪90年代中期,一批新方法出现了,其中最引人注目的是Booch 1993、OOSE和OMT-2等。

Booch是面向对象方法最早的倡导者之一,他提出了面向对象软件工程的概念。1991年,他将以前面向Ada的工作扩展到整个面向对象设计领域。Booch 1993比较适合于系统的设计和构造。

Rumbaugh等人提出了面向对象的建模技术(OMT)方法,采用了面向对象的概念,并引入各种独立于语言的表示符。这种方法用对象模型、动态模型、功能模型和用例模型,共同完成对整个系统的建模,所定义的概念和符号可用于软件开发的分析、设计和实现的全过程,软件开发人员不必在开发过程的不同阶段进行概念和符号的转换。OMT-2特别适用于分析和描述以数据为中心的信息系统。

Jacobson于1994年提出了OOSE方法,其最大特点是面向用例(Use-Case),并在用例的描述中引入了外部角色的概念。用例的概念是精确描述需求的重要武器,但用例贯穿于整个开发过程,包括对系统的测试和验证。OOSE比较适合支持商业工程和需求分析。

此外,还有Coad/Yourdon方法,即著名的OOA/OOD,它是最早的面向对象的分析和设计方法之一。该方法简单、易学,适合于面向对象技术的初学者使用,但由于该方法在处理能力方面的局限,目前已很少使用。

概括起来,首先,面对众多的建模语言,用户由于没有能力区别不同语言之间的差别,因此很难找到一种比较适合其应用特点的语言;其次,众多的建模语言实际上各有千秋;最后,虽然不同的建模语言大多雷同,但仍存在某些细微的差别,极大地妨碍了用户之间的交流。因此,在客观上,极有必要在精心比较不同的建模语言优缺点及总结面向对象技术应用实践的基础上,组织联合设计小组,根据应用需求,取其精华,去其糟粕,求同存异,统一建模语言。

1994年10月,Grady Booch和Jim Rumbaugh开始致力于这一工作。他们首先将

Booch 93 和 OMT-2 统一起来，并于 1995 年 10 月发布了第一个公开版本，称之为统一方法 UM 0.8(Unitied Method)。1995 年秋，OOSE 的创始人 Ivar Jacobson 加盟到这一工作。经过 Booch、Rumbaugh 和 Jacobson 3 人的共同努力，于 1996 年 6 月和 10 月分别发布了两个新的版本，即 UML 0.9 和 UML 0.91，并将 UM 重新命名为 UML(Unified Modeling Language)。

1996 年，一些机构将 UML 作为其商业策略已日趋明显。UML 的开发者得到了来自公众的正面反应，并倡议成立了 UML 成员协会，以完善、加强和促进 UML 的定义工作。当时的成员有 DEC、HP、I-Logix、Itellicorp、IBM、ICON Computing、MCI Systemhouse、Microsoft、Oracle、Rational Software、TI 以及 Unisys。这一机构对 UML 1.0(1997 年 1 月)及 UML 1.1(1997 年 11 月 17 日)的定义和发布起了重要的促进作用。

UML 是一种定义良好、易于表达、功能强大且普遍适用的建模语言。它融入了软件工程领域的新思想、新方法和新技术。它的作用域不限于支持面向对象的分析与设计，还支持从需求分析开始的软件开发的全过程。

面向对象技术和 UML 的发展过程可用图形来表示，标准建模语言的出现是其重要成果。在美国，截至 1996 年 10 月，UML 获得了工业界、科技界和应用界的广泛支持，已有 700 多个公司表示支持采用 UML 作为建模语言。1996 年底，UML 已占面向对象技术市场的 85%，成为可视化建模语言事实上的工业标准。1997 年 11 月 17 日，OMG 采纳 UML 1.1 作为基于面向对象技术的标准建模语言。UML 代表了面向对象方法的软件开发技术的发展方向，具有巨大的市场前景，也具有重大的经济价值和国防价值。

1.3.3 UML 的特点

UML 的主要特点可以归结为以下 3 点。

(1) UML 统一了 Booch、OMT 和 OOSE 等方法中的基本概念。

(2) UML 吸取了面向对象技术领域中其他流派的长处，其中也包括非 OO 方法的影响。UML 符号表示考虑各种方法的图形表示，删掉了大量易引起混乱的、多余的和极少使用的符号，也添加了一些新符号。因此，在 UML 中汇入了面向对象领域中很多人的思想。这些思想并不是 UML 的开发者们发明的，而是开发者们依据最优秀的 OO 方法和丰富的计算机科学实践经验综合提炼而成的。

(3) UML 在演变过程中还提出了一些新的概念。在 UML 标准中新加了模板(Stereotypes)、职责(Responsibilities)、扩展机制(Extensibility Mechanisms)、线程(Threads)、过程(Processes)、分布式(Distribution)、并发(Concurrency)、模式(Patterns)、合作(Collaborations)、活动图(Activity Diagram)等新概念，并清晰地区分类型(Type)、类(Class)和实例(Instance)、细化(Refinement)、接口(Interfaces)和组件(Components)等概念。

因此，可以认为 UML 是一种先进实用的标准建模语言，但其中某些概念尚待实践验证，UML 也必然存在一个进化过程。

UML 模型包含用例模型、静态模型、动态模型共 3 种，它们与传统的瀑布模型分析方式的对比见表 1-3。

表 1-3 UML 模型与传统模型的区别

模型名称	与传统软件工程对应的模型	UML 图	说 明
用例模型	功能模型(使用工具：数据流图)	用例图	从用户角度描述系统需求,是所有开发活动的指南,即产生系统功能
静态模型	数据模型(使用工具：E-R 图)	类图,对象图,组件图,部署图	描述系统的元素与元素间的关系
动态模型	行为模型(使用工具：状态转换图)	状态图,顺序图,协作图,活动图	描述系统随时间发展的行为

1.3.4 UML 的内容

UML 的重要内容可以由下列五类图(共 10 种图形)定义。

(1) 用例图,从用户角度描述系统功能,并指出各功能的操作者。

(2) 静态图(Static Diagram)包括类图、对象图和包图。其中类图描述系统中类的静态结构。不仅定义系统中的类,表示类之间的联系如关联、依赖、聚合,也包括类的内部结构(类的属性和操作)。类图描述的是一种静态关系,在系统的整个生命周期都是有效的。

对象图是类图的实例,几乎使用与类图完全相同的标识。它们的不同点在于对象图显示类的多个对象实例,而不是实际的类。一个对象图是类图的一个实例。由于对象存在生命周期,因此对象图只能在系统某一时间段存在。

包图由包或类组成,表示包与包之间的关系。包图用于描述系统的分层结构。

(3) 行为图(Behavior Diagram)描述系统的动态模型和组成对象间的交互关系。行为图包括状态图、活动图、顺序图和协作图。其中状态图描述类的对象所有可能的状态以及事件发生时状态的转移条件。通常,状态图是对类图的补充。在实用上并不需要为所有的类画状态图,仅为那些有多个状态其行为受外界环境的影响并且发生改变的类画状态图。而活动图描述满足用例要求所要进行的活动以及活动间的约束关系,有利于识别并行活动。活动图是一种特殊的状态图,它对于系统的功能建模特别重要,强调对象间的控制流程。顺序图展现了一组对象和由这组对象收发的消息,用于按时间顺序对控制流建模。用顺序图说明系统的动态视图。协作图展现了一组对象,这组对象间的连接以及这组对象收发的消息。它强调收发消息的对象的结构组织,按组织结构对控制流建模。顺序图和协作图都是交互图,顺序图和协作图可以相互转换。

(4) 交互图(Interactive Diagram)描述对象间的交互关系,包括顺序图和协作图。其中顺序图显示对象之间的动态合作关系,它强调对象之间消息发送的顺序,同时显示对象之间的交互；协作图描述对象间的协作关系,协作图跟顺序图相似,显示对象间的动态合作关系。除显示信息交换外,协作图还显示对象以及它们之间的关系。如果强调时间和顺序,则使用顺序图；如果强调上下级关系,则选择协作图。这两种图合称为交互图。

(5) 实现图(Implementation Diagram)。其中组件图描述代码部件的物理结构及各部件之间的依赖关系。一个部件可能是一个资源代码部件、一个二进制部件或一个可执行部件。它包含逻辑类或实现类的有关信息。部件图有助于分析和理解部件之间的相互影响程度。

配置图定义系统中软硬件的物理体系结构。它可以显示实际的计算机和设备(用节点表示)以及它们之间的连接关系,也可显示连接的类型及部件之间的依赖性。在节点内部,放置可执行部件和对象以显示节点跟可执行软件单元的对应关系。

1.3.5 UML的应用领域

UML的目标是以面向对象图的方式来描述任何类型的系统,具有很宽的应用领域。其中最常用的是建立软件系统的模型,但它同样可以用于描述非软件领域的系统,如机械系统、企业机构或业务过程,以及处理复杂数据的信息系统、具有实时要求的工业系统或工业过程等。总之,UML是一个通用的标准建模语言,可以对任何具有静态结构和动态行为的系统进行建模。

此外,UML适用于系统开发过程中从需求规格描述到系统完成后测试的不同阶段。在需求分析阶段,可以用用例捕获用户需求。通过用例建模,描述对系统感兴趣的外部角色及其对系统(用例)的功能要求。分析阶段主要关心问题域中的主要概念(如抽象、类和对象)和机制,需要识别这些类以及它们相互间的关系,并用UML类图来描述。为实现用例,类之间需要协作,这可以用UML动态模型来描述。在分析阶段,只对问题域的对象(现实世界的概念)建模,而不考虑定义软件系统中技术细节的类(如处理用户接口、数据库、通信和并行性等问题的类)。这些技术细节将在设计阶段引入,因此设计阶段为构造阶段提供更详细的规格说明。

编程(构造)是一个独立的阶段,其任务是用面向对象编程语言将来自设计阶段的类转换成实际的代码。在用UML建立分析和设计模型时,应尽量避免考虑把模型转换成某种特定的编程语言。因为在早期阶段,模型仅仅是理解和分析系统结构的工具,过早考虑编码问题十分不利于建立简单正确的模型。

UML模型还可作为测试阶段的依据。系统通常需要经过单元测试、集成测试、系统测试和验收测试。不同的测试小组使用不同的UML图作为测试依据:单元测试使用类图和类规格说明;集成测试使用部件图和协作图;系统测试使用用例图来验证系统的行为;验收测试由用户进行,以验证系统测试的结果是否满足在分析阶段确定的需求。

总之,UML适用于以面向对象技术描述任何类型的系统,而且适用于系统开发的不同阶段,从需求规格描述直至系统完成后的测试和维护。

1.3.6 UML软件建模步骤

在软件开发过程中,从应用的角度看,当采用面向对象技术设计系统时,其步骤通常如下。

第一步:描述需求,即确定系统目标;

第二步:根据需求建立系统的静态模型,以构造系统的结构;

第三步:描述系统的行为。

第一步与第二步建立的模型是静态的,包括用例图、类图(包含包)、对象图、组件图和配置图5个图形,是UML的静态建模机制。第三步建立的模型或者可以执行,或者表示执行时的时序状态或交互关系。它包括状态图、活动图、顺序图和协作图4个图形，是UML的动态建模机制。因此，也可将UML的主要内容归纳为静态建模机制和动态建模机制两大类。

本章小结

本章力图对软件工程学做一个简单的概述。首先介绍了软件开发模型的概念，对常见的开发模型的功能和优缺点进行了比较；然后对软件工程的三要素进行了概要说明；最后重点介绍了迭代软件开发的优势和方法，引入了UML。

UML是一种建模语言，具有广泛的应用领域，它不仅可以应用于软件领域的建模，也可以用于非软件领域的建模，例如在企业管理中，对企业的组织结构、工作流和工艺设计的建模等。另外，UML不是一种已开发方法，它是独立于任何软件开发方法之外的语言，在利用它建模时，可遵循任何类型的建模过程。

软件工程的研究和实践证明，在提高软件工程的质量、降低软件开发的风险、处理复杂的功能需求、建立有效的开发平台等诸多软件开发中的关键问题时，掌握软件开发方法和利用UML建模是非常有效的方法。

习　题

1. 选择题

(1) (　　)不在UP的初始阶段中完成。

A. 编制简要的愿景文档　　B. 粗略评估成本

C. 定义大多数的需求　　D. 业务案例

(2) 下列描述中，(　　)不是建模的基本原则。

A. 要仔细地选择模型

B. 每一种模型可以在不同的精度级别上表示所要开发的系统

C. 模型要与现实相联系

D. 对一个重要的系统用一个模型就可以充分描述

(3) UML体系包括三个部分：UML基本构造块、(　　)和UML公共机制。

A. UML规则　　B. UML命名　　C. UML模型　　D. UML约束

(4) (　　)模型的缺点是缺乏灵活性，特别是无法解决软件需求不明确或不准确的问题。

A. 瀑布　　B. 原型　　C. 迭代　　D. 螺旋

(5) UML提供了4种结构图用于对系统的静态进行可视化、详述、构造和文档化。(　　)是面向对象系统规模中最常用的图，用于说明系统的静态设计视图。

A. 件图　　B. 类图　　C. 对象图　　D. 部署图

(6) UML提供了一系列的图支持面向对象的分析与设计，其中(　　)给出了系统的静态设计视图；(　　)对系统的行为进行组织和建模是非常重要的；(　　)和(　　)都是描述系统动态视图的交互图，其中(　　)描述了以时间顺序组织的对象之间的交互活动，(　　)强调收发消息的对象的组织结构。

A. 状态图　　B. 用例图　　C. 序列图

D. 部署图　　E. 协作图　　F. 类图

(7) 了解问题所涉及的对象、对象间的关系和作用，然后构造问题的对象模型方法进行软件系统开发过程中(　　)阶段的任务。

A. OOA　　B. OOD　　C. OOI　　D. OOP

(8) 下列关于软件建模的用途，说法错误的是(　　)。

A. 软件建模可以帮助进行系统设计

B. 软件建模可以使用具体的设计细节与需求分开

C. 通过软件建模可以利用模型全面把握复杂的系统

D. 软件建模可以直接生成最终的软件产品

(9) 定义大多数的需求和范围的工作是在 UP 中的(　　)阶段完成的。

A. 初始　　B. 细化　　C. 构造　　D. 提交

(10) (　　)不是 UML 中的静态视图。

A. 状态图　　B. 用例图　　C. 对象图　　D. 类图

2. 问答题

(1) 什么是瀑布模型，它有何不足？

(2) 统一过程中的 4 个阶段是什么？

(3) 敏捷开发的特点和目的是什么？

(4) 软件工程三要素中的过程包括哪些环节？

(5) 类图在 UML 中有何重要作用？

(6) 什么是增量开发？

(7) 标准建模语言 UML 的重要内容可以由哪 5 类图(共 9 种图形)定义？

(8) 简述统一建模语言(UML)。

(9) 简述软件 CASE 工具的分类标准及特点。

(10) 简述软件建模步骤。

(11) UML 定义了 5 种类型不同的图，把它们有机地结合起来就可以描述系统的所有视图。请列举出这些图形名称，并简要描述它们的作用。

第 2 章

统一开发过程简介

Chapter 2

本章任务

了解统一开发过程。

知识目标

(1) 了解 UML 与 RUP 的关系。

(2) 掌握 RUP 的 6 个核心过程工作流。

(3) 了解 RUP 的 3 个核心支持工作流。

(4) 掌握 RUP 生命周期。

能力目标

(1) 能描述 RUP 生命周期中各个阶段的目标及产物。

(2) 能使用 RUP 进行小型项目的规划。

任务描述

学习 RUP 统一开发过程的相关理论及开发方法，掌握 RUP 的核心流程及生命周期，并结合迭代软件开发思想在教师的指导下能完成小型项目的开发蓝图。

2.1 简　介

UML 仅仅是一种系统建模语言，它并没有告诉开发人员如何使用它。为了更好地发挥 UML 在软件开发中的作用，需要有一种软件开发方法使用它。目前最流行的是 IBM Rational 公司的统一开发过程(Rational Unified Process，RUP)方法。

RUP 是一种软件开发方法，它提供了在开发组织中分派任务和责任的纪律化方法，它的目标是在可预见的日程和预算前提下，确保满足最终用户需求的高质量产品。它的优势如下。

(1) RUP 提高了团队生产力。对于所有的关键开发活动，它为每个团队成员提供了使用准则、模板、工具指导来进行访问的知识基础。而通过对相同知识基础的理解，无论是需求分析、设计、测试项目管理或配置管理，均能确保全体成员共享相同的知识、过程和开发软件的视图。

(2) RUP有效地使用 Unified Modeling Language (UML)指南。UML是良好的需求、分析与设计沟通工具，由 Rational 软件公司创建，现在由标准化对象管理机构(OMG)维护，它反映了软件建模标准。

(3) RUP能对大部分开发过程提供自动化的工具支持。它们被用来创建和维护软件开发过程(可视化建模、编程、测试等)的各种各样的产物(特别是模型)，另外在每个迭代过程的变更管理和配置管理相关的文档工作支持方面也是非常有价值的。

(4) RUP是可配置的过程。一个开发过程不能适合所有的软件开发，RUP既适合小的开发团队也适合大型开发组织，RUP建立了简洁的、清晰的过程结构，为开发过程家族提供通用性。它可以变更以容纳不同的情况，还包含开发工具包，为配置适应特定组织机构的开发过程提供支持。

(5) RUP是通过许多大项目和机构验证的，在此基础上总结了大量现代软件开发过程的最佳实践，这些最佳实践经验给开发团队提供了大量的成功案例参考。

2.2 RUP核心工作流

RUP中有9个核心工作流，分为6个核心过程工作流(Core Process Workflows)和3个核心支持工作流(Core Supporting Workflows)。尽管6个核心过程工作流能使人想起传统瀑布流程中的几个阶段，但应注意迭代过程中的阶段是不同的，这些工作流在整个生命期中一次又一次被访问。9个核心工作流在项目中的实际完整的工作流中轮流被使用，在每一次迭代中以不同的重点和强度重复。图2-1是对迭代过程中应用工作流来进行系统开发的表述。

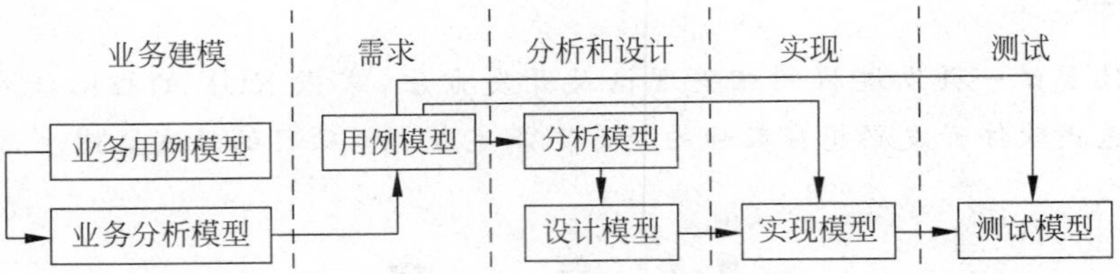

图2-1 RUP业务模型

业务用例模型描述了在业务操作者和业务之间发生了什么，它不对业务的结构及其如何达到目标做任何假设。业务分析模型的目的就是描述业务用例是如何工作的。

业务分析模型正确地定义了由业务提供的服务，定义了内部业务工作者及其使用的信息，将它们的结构组织描述为独立的单元(可以使用领域模型描述，领域模型是对领域内的概念类或现实世界中对象的可视化表示)，并且定义了它们如何互操作从而实现业务用例中所描述的行为。

用例模型主要用于表述系统的功能性需求，系统的设计主要由对象模型记录表述。另外，用例定义了系统功能的使用环境与上下文，每一个用例描述的是一个完整的系统服务。用例方法比传统的SRS更易于被用户理解，它可以作为开发人员和用户之间针对系统需求进行沟通的一个有效手段。

分析模型包含分析类和任何与之相关的工件(工作的成品)。在分析模型演进为设计模型的情况下，分析模型可以是一个临时工件，也可以在项目的部分或整个阶段中，或许在项目完成后继续存在，作为系统的概念性的总结。

设计模型是系统实施的抽象。它用于设想和记录软件系统的设计，是全面的组合工件，包括所有设计类、子系统、包、协作和它们之间的关系。

实施模型是构件及其所在的实施子系统的集合，构件中既有可交付构件(例如可执行文件)，又有用来生成可交付文件的构件(例如源代码文件)。

软件测试和软件开发一样，都遵循软件工程原理，遵循管理学原理。这些模型(如V模型)将测试活动进行了抽象，明确了测试与开发之间的关系，是测试管理的重要参考依据。

IBM Rational 的软件工程最佳实践被总结成 Rational 统一过程(Rational Unified Process，RUP)。RUP描述了如何为软件开发团队有效地部署经过商业化验证的软件开发方法。这些方法已经被业界许多成功机构普遍运用。

注意：按照RUP开发模式，一个商业软件的开发过程一般按6个核心工作流的迭代进行，由于本教材重点讲解UML的应用，而UML主要适用于调研需求、分析和设计，所以本教材只覆盖商业建模、需求分析、分析和设计等几个工作流。

2.2.1 核心过程工作流

1. 业务建模

绝大多数商业工程化的主要问题是软件工程人员和商业工程人员之间不能正确交流，这导致商业软件的产出没有作为软件开发输入而正确地被使用，反之亦然。RUP针对该情况为这两个群体提供了相同的语言和过程，同时显示了如何在商业和软件模型中创建和保持直接的可跟踪性。

在业务建模中，使用业务用例来文档化商业过程，从而确保了组织中所有支持业务过程人员达到共识，分析业务用例的目的是为了理解业务过程是如何运作的。

需要注意的是，许多项目可能不进行业务建模。

2. 需求

需求工作流的目标是描述系统“做什么”，并允许开发人员和用户就该目标的描述达成共识。为了达到该目标，进行提取、组织、文档化需要的功能和约束，进而跟踪，并最终为解决方案及决定形成文档。

在需求阶段，系统的蓝图将被创建，需求已经被提取，代表用户和其他可能与开发系统交互的其他系统的角色(Actor)已经被指明，每个角色要完成的功能已经明确。用例(Use Case)已经被识别，因为用例已经是根据角色的要求开发的，系统与用户之间的联系更紧密。

在需求工作流中，每一个用例都将被仔细地描述，用例描述说明了用户如何与系统进行交互的行为,其中还包含了大量的非功能性需求。

用例在整个系统的开发周期起线索的作用,相同的用例模型在需求捕获阶段、分析设计阶段和测试阶段中都会被使用到。

3. 分析和设计

分析和设计工作流的目标是显示系统如何在实现阶段被实现的,分析和设计的结果是一个设计模型和可选的分析模型,设计模型是源代码的抽象,即设计模型充当源代码如何被组建和编制的"蓝图"。设计模型由设计类和一些描述组成,设计类被组织成具有良好接口的设计包和设计子系统,而描述则体现了类的对象如何协同工作实现用例的功能。

设计活动以体系结构设计为中心,结构的产物和验证是早期迭代的主要焦点。结构由若干结构视图来表达,这些视图捕获了主要的构架设计的决定。本质上,结构视图是整个设计的抽象和简化,该视图中细节被放在了一旁,使重要的特点体现得更加清晰。结构不仅是良好设计模型的承载媒介,而且在系统的开发中能提高任何被创建模型的质量。一般情况下可以使用下列标准衡量分析和设计工作。

(1) 满足了所有的需求,包含非功能性需求。

(2) 健壮的被建造(如果功能需求发生变化,易于更改),在软件开发中需求的变更是永恒,也是无止境的,一个好的设计可以有较好的可扩展性。

4. 实现

实现阶段又称为实施或编码阶段。在实现工作流中,系统功能将被完成,系统版本基本可以运行。实现阶段的目的如下。

(1) 以层次化的实施子系统的形式定义代码的组织结构。

(2) 以构件的形式(源文件、二进制文件、可执行文件等)实现类和对象。

(3) 将开发出的构件作为单元进行测试。构件是相对独立的功能,完成的构件可以被测试人员进行独立测试。

(4) 将由单个实现者(或小组)产生的结构集成为可执行的系统。

系统通过完成构件而被实现,RUP描绘了如何重用现有的组件,或实现经过良好设计及定义的新构件,使系统更易于使用、维护,从而可以提高系统中代码的可重用性。

在大型系统中,构件被构造成实施子系统,子系统被表现为带有附加结构或管理信息的目录形式。例如,子系统可以被创建为文件系统中的文件夹或目录,或 Rational Apex for C++or Ada 或 Java 中的包。

5. 测试

RUP提出了迭代的开发方法,意味着在项目开发过程中的任意节点都可以进行测试,从而尽可能早地发现缺陷,从根本上降低修改缺陷的成本。测试类似于三维模型,分别从可靠性、功能性、应用性和系统性能来进行,流程从每个维度描述了如何经历测试生命周期的几个阶段,计划、设计、实现、执行和审核。测试工作流的目的如下。

(1) 验证对象间的交互作用。

(2) 验证软件构件的正确集成。

(3) 验证所有需求被正确地实现。

(4) 识别并确保在软件发布之前缺陷被处理。

另外，在测试工作流中描述了何时、如何引入测试自动化的策略，因为在迭代开发方法中，测试自动化是非常重要的，并且它允许在每次迭代结束及为每个新产品进行回归测试。

6. 发布

发布工作流的目标是成功地生成版本，将成品软件或半成品软件(完成了系统部分核心功能，完成的这部分功能可以独立运行)分发给最终用户，它包括了范围广泛的活动。

(1) 生成软件本身外的产品。生成执行本软件所依赖的软件支撑库，如第三方构件或项目自定义构件。

(2) 软件打包。将软件生成或发布成为安装包，供用户或实施人员在用户使用环境中进行安装。

(3) 安装软件。在用户的运行环境中可安装或配置软件，使发布的软件能正常运行。

(4) 给用户提供帮助。为用户提供必要的、合理的培训或技术支持。

在许多情况下，还包括如下的活动。

(1) 计划和进行 Beta 测试版。在软件正式验收前可能进行给用户发布一个试运行版本，这个版本明确地告诉用户，系统可能存在某些 bug 或缺陷。

(2) 移植现有的软件或数据。如果是对现有软件进行升级，则移植现在运行的软件和数据是非常有必要的活动，这样做的目的是为了使用户的数据及信息能正常地使用下去。

(3) 正式验收。在用户试用一段时间或程度后，系统将被正式验收。

尽管发布工作流主要被集中在交付阶段，但早期阶段需要加入为创建阶段后期的发布做准备的许多活动。

2.2.2 核心支持工作流

1. 项目管理

软件项目管理是一门艺术；它平衡了互相冲突的目标，管理风险，克服各种限制成功地发布满足投资用户和使用者需要的软件，有无争议的项目无疑是该项任务难度的证明。软件管理工作流主要集中在迭代开发过程的特殊方面，其目标包括为项目的管理提供框架，为计划、人员配备、执行和监控项目提供实用的准则，为管理风险提供框架等。

2. 配置和变更管理

在本工作流中，描绘了如何在多个成员组成的项目中控制大量的产出物，控制有助于避免混乱，确保不会由以下的问题而造成产品的冲突。

(1) 同步更新。当两个或两个以上的角色各自工作在同一产物上时，最后一个修改者会破坏前者的工作。

(2) 通知不达。当被若干开发者共享的产品中的问题被解决时，修改未被通知到一些开发者。

(3) 多个版本。许多大型项目以演化的方式开发。一个版本可能供顾客使用，另一个版本用于测试，而第三个版本处于开发阶段。如果问题在其中任何一个版本中被发现，则修改需要在所有版本中繁衍，从而可能产生混乱导致昂贵的修改和重复劳动，除非变更被很好地控制和监控。

3. 环境

环境工作流的目的是给软件开发组织提供软件开发环境，过程、工具和软件开发团队需要它们的支持。本工作流集中在项目环境中配置过程的活动，同样着重支持项目的开发规范的活动，提供明了详尽的指导手册，介绍如何在组织中实现的过程。环境工作流还包含提供定制流程所必需的准则、模板、工具的开发工具箱。

2.3 RUP的生命周期

RUP同瀑布模型一样，同样具有软件开发的生命周期，但RUP的生命周期被分解为多个小周期，每一个小周期工作在新的产品上，RUP将周期划分为4个连续的阶段，即初始阶段、细化阶段、构建阶段和交付阶段。每个阶段有不同的目标，但它们都终结于良好定义的里程碑，即某些关键决策必须做出的时间点，因此关键的目标必须被达到。

2.3.1 初始阶段

初始阶段的主要目标是为系统建立商业案例和确定项目的边界。为了达到该目的，必须识别所有与系统交互的外部实体，在较高层次上定义交互的特性，它包括识别所有用例和描述一些重要的用例。商业案例包括验收规范、风险评估、所需资源估计、体现主要里程碑日期的阶段计划。

本阶段具有非常重要的意义，在这个阶段中，关注的是整个项目进行过程中的业务和需求方面的主要风险。对于建立在原有系统基础上的开发项目来说，初始阶段的时间可能很短。

本阶段的具体目标如下。

(1) 明确软件系统的范围和边界条件，包括从功能角度的前景分析、产品验收标准和哪些做与哪些不做的相关决定。

(2) 明确区分系统的关键用例和主要的功能场景。

(3) 展现或者演示至少一种符合主要场景要求的候选软件体系结构。

(4) 对整个项目做最初的项目成本和日程估计(更详细的估计将在随后的细化阶段中做出)。

(5) 估计出潜在的风险(主要指各种不确定因素造成的潜在风险)。

(6) 准备好项目的支持环境。

初始阶段的产出如下。

(1) 蓝图文档，核心项目需求、关键的主要约束和系统总体蓝图。

(2) 原始用例模型(完成10%～20%)。

(3) 原始项目术语表(术语表即客户行业的专业术语，也可能在业务模型中表达)。

(4) 原始商业案例，包括业务的上下文、验收规范、成本预计等。

(5) 原始的风险评估。

(6) 一个或多个系统原型。

初始阶段结束时是第一个重要的里程碑：生命周期目标里程碑。初始阶段的评审标准如下。

(1) 风险承担者就范围定义、成本及日程估计达成共识。

(2) 以客观的主要用例证实对需求的理解。

(3) 成本/日程、优先级、风险和开发过程的可信度是否在可以接受的范围内或屏蔽。

(4) 被开发体系结构原型的深度和广度是否足以满足已确定的需求。

(5) 实际开支与计划开支的偏差是否在可接受范围内。

如果无法给出上述问题肯定答复，项目可能被取消或仔细地重新考虑。

2.3.2 细化阶段

细化阶段的主要目标是分析问题领域，建立健全的体系结构基础，编制项目计划，淘汰项目中最高风险的元素。为了达到该目的，必须对系统对系统进行深度观察，然后进行体系结构决策分析，体系结构的决策必须在理解整个系统的基础上做出：范围，主要功能和非功能性需求（如性能）的分析。

细化阶段是4个阶段中最关键的阶段。在该阶段结束时，"硬工程"可以认为已结束，项目经历最后的"审判"，即是否可以提交给构建和交付阶段。对于大多数项目来说，这相当于从移动的、轻松的、灵巧的、低风险的运作过渡到高成本、高风险并带有较大惯性的运作，这一过程必须能容纳变化，细化阶段确保了结构、需求和计划足够稳定，风险被充分减轻，可以为开发结果预先决定成本和日程安排。

在细化阶段，可执行的结构原型往往是有必要的，它依赖于项目的范围、规模、风险和技术使用的先进程度。工作建立在初始阶段中识别的关键用例之上，关键用例典型揭示了项目主要技术的风险，通常原型的目标是一个由产品质量级别构件组成的可进化的原型，但这并不排除开发一个或多个探索性、可抛弃的原型。

本阶段的具体目标如下。

(1) 确保软件结构、需求、计划足够稳定；确保项目风险已经降低到能够预计完成整个项目的成本和日程的程度。

(2) 针对项目的软件结构上的主要风险已经解决或处理完毕。

(3) 通过完成软件结构上的主要场景建立软件体系结构的基线（软件基线是项目储存库中每个工件版本在特定时期的一个"快照"，它提供了一个正式标准，随后的工作基于此标准，并且只有经过授权后才能变更这个标准）。

(4) 建立一个包含高质量组件的可演化的产品原型。

(5) 说明基线化的软件体系结构可以保障系统需求可以控制在合理的成本和时间范围内。

(6) 建立好产品的支持环境。

本阶段的产出如下。

(1) 所有用例模型（完成至少80%）均被识别，大多数用例描述被开发。

(2) 补充捕获非功能性要求和非关联于特定用例要求的需求。

(3) 软件体系结构描述可执行的软件原型。

(4) 经修订过的风险清单和商业案例。

(5) 总体项目的开发计划,包括文理较粗糙的项目计划,显示迭代过程和对应的审核标准。

(6) 指明被使用过程的更新过的开发用例。

(7) 用户手册的初始版本(可选)。

细化阶段结束是第二个重要的里程碑:生命周期的结构里程碑。此时检验详细的系统目标和范围、结构的选择以及主要风险的解决方案。主要审核标准回答以下问题。

(1) 产品的蓝图是否稳定?

(2) 体系结构是否稳定?

(3) 可执行的演示版是否显示风险要素已被处理和可靠的解决?

(4) 构建阶段的计划是否足够详细和精确? 是否被可靠的审核基础支持?

(5) 如果当前计划在现有的体系结构环境中被执行而开发出完整系统,是否所有的风险承担人同意该蓝图是可实现的?

(6) 实际的费用开支与计划开支是否可以接受?

如果无法通过这些里程碑,项目可能被取消或仔细重新考虑。

2.3.3 构建阶段

在构建阶段,所有剩余的构件和应用程序功能被开发并集成为产品,所有的功能被详尽地测试。从某种意义上说,构建阶段是重点在管理资源和控制运作以优化成本、日程、质量的生产过程。就这一点而言,管理的理念经历了初始阶段和细化阶段的智力资产开发到构建阶段和交付阶段可发布产品的过渡。

许多大规模项目可以产生许多平行的增量构建过程,这些平行的活动可以极大地加速版本发布的有效性,同时也增加了资源管理和工作流同步的复杂性。健壮的体系结构和易于理解的计划是高度关联的。换言之,体系结构的质量优劣与构建的容易程度息息相关,这也是在细化阶段平衡的体系结构和计划被强调的原因。

本阶段的主要目标如下。

(1) 通过优化资源和避免不必要的返工达到开发成本的最小化。

(2) 根据实际需要达到适当的质量目标。

(3) 据实际需要形成各个版本(Alpha、Beta 或其他测试版本)。

(4) 对所有必需的功能完成分析、设计、开发和测试工作。

(5) 采用循环渐进的方式开发出一个可以提交给最终用户的完整产品。

(6) 确定软件站点用户都为产品的最终部署做好了相关准备。

(7) 达成一定程度的并行开发机制。

构建阶段的产出是可以交付给最终用户的产品,它至少包括以下几方面。

(1) 特定平台上的集成产品。

(2) 用户手册。

(3) 当前版本的描述。

构建阶段结束是第三个重要的项目里程碑(初始运作能力里程碑)。此刻,决定软件是否可以运作而不会将项目暴露在高度风险下，该版本也常被称为 beta 版。构建阶段主要审核标准回答以下问题。

(1) 产品是否足够稳定和成熟到可以发布给用户？

(2) 所有的风险承担人是否准备好向用户移交？

(3) 实际费用与计划费用的比较是否仍可被接受？

如果无法肯定地回答上述问题，则移交不得不被延迟。

2.3.4 交付阶段

交付阶段的目的是将软件产品交付给用户群体。只要产品发布给最终用户，问题常常就会出现：要求开发新版本，纠正问题或完成被延迟的问题。

当基线成熟得足够发布到最终用户时，就进入了交付阶段，其典型要求一些可用的系统子集被开发到可接收的质量级别及用户文档可供使用，从而交付给用户的所有部分均可以有正面的效果。这包括以下几个方面。

(1) 对照用户期望值，验证新系统的“beta 测试”。

(2) 与被替代的已有系统并轨。

(3) 功能性数据库的转换。

(4) 向市场、部署、销售团队移交产品。

构建阶段关注于向用户提交产品的活动。该阶段可能包括若干重复过程，包括 beta 版本、通用版本、bug 修补版和增强版，相当大的工作量消耗在开发面向用户的文档及培训用户等过程中。在产品初始使用时，应该支持用户并处理用户反馈的问题，用户反馈的问题主要限定在产品性能调整、配置、安装和使用问题。

本阶段的目标是确保软件产品可以提交给最终用户。本阶段根据实际需要可以分为几个循环。本阶段的具体目标如下。

(1) 进行 beta 测试以期达到最终用户的需要。

(2) 进行 beta 测试和旧系统的并轨。

(3) 转换功能数据库。

(4) 对最终用户和产品支持人员的培训。

(5) 提交给市场和产品销售部门。

(6) 协调 bug 修订/改进性能和可用性(Usability)等工作。

(7) 基于完整的视图和产品验收标准对最终部署做出评估。

(8) 达到用户要求的满意度。

(9) 达成各风险承担人对产品部署基线已经完成的共识。

(10) 达成各风险承担人对产品部署符合视图中标准的共识。

该阶段依照产品的类型，可能从非常简单到极端复杂的范围内变化。例如，现有的桌面产品的新版本可能非常简单，而替代国际机场的流量系统会非常复杂。

在交付阶段的终点是第四个重要的项目里程碑：产品发布里程碑。此时，决定是否目标已达到或开始另一个周期。在许多情况下，里程碑会与下一个周期的初始阶段相重叠。发布阶段的审核标准主要包括以下两个问题。

(1) 用户是否满意？

(2) 实际费用与计划费用的比较是否仍可被接受？

2.4 迭代软件开发

2.4.1 传统开发流程的问题

传统的软件开发流程是一个文档驱动的流程(图 2-2)，它将整个软件开发过程划分为顺序相接的几个阶段，每个阶段都必须在完成全部规定的任务(文档)后才能够进入下一个阶段。如必须完成全部的系统需求规格说明书之后才能够进入概要设计阶段，编码必须在系统设计完成之后才能够进行。这意味着只有当所有的系统模块全部开发完成之后，才能进行系统集成，对于一个由上百个模块组成的复杂系统来说，这是艰巨而漫长的工作。

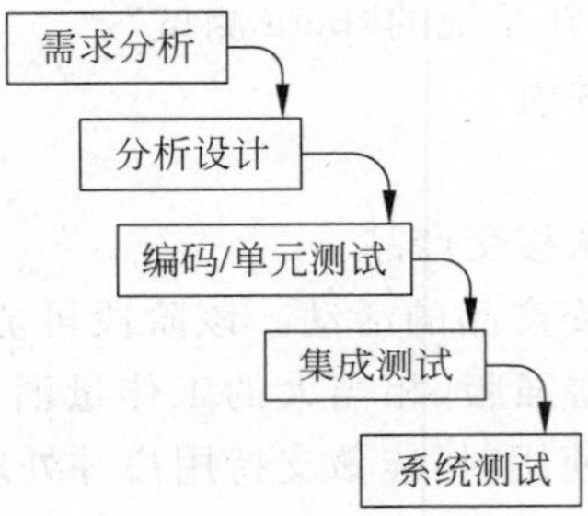

图 2-2 瀑布模型示意图

随着开发的软件项目越来越复杂，传统的瀑布型开发流程不断地暴露以下问题。

(1) 需求或设计中的错误往往只有到了项目后期才能够被发现。例如，在将系统交付客户之后才发现原先对于需求的理解是错误的，系统设计中的问题要到测试阶段才能被发现。

(2) 对于项目风险的控制能力较弱。项目风险在项目开发较晚的时候才能够真正降低，往往在经过系统测试后，才能确定该设计是否能够真正满足系统需求。

(3) 软件项目常常延期完成或开发费用超出预算。项目开发进度往往会被意外发生的问题打乱，需要进行返工或其他一些额外的开发周期，造成项目延期或费用超支。

(4) 项目管理人员专注于文档的完成和审核来估计项目的进展情况。所以项目经理对于项目状态的估计往往是不准确的，当他回答系统已完成 80% 的开发任务时，剩下 20%的开发任务实际上消耗的是整个项目 80%的开发资源。

在传统的瀑布模型中，需求和设计中的问题是无法在项目开发的前期被检测出来的，只有当第一次系统集成时，这些设计缺陷才会在测试中暴露出来，导致一系列返工：重新设计、编码、测试，进而导致项目延期和开发成本上升。

2.4.2 迭代化开发的优势

为了解决传统软件开发流程中的问题，建议采用迭代化的开发方法来取代瀑布模型。在瀑布模型中，要完成的是整个软件系统开发这个大目标。在迭代化的方法中将整个项目的开发目标划分成为一些更易于完成和达到的阶段性小目标，这些小目标都有一个定义明确的阶段性评估标准。迭代是为了完成一定的阶段性目标而从事的一系列开发活动，在每个迭代开始前都要根据项目当前的状态和所要达到的阶段性目标制订迭代计划，整个迭代过程包含了需求、设计、实施（编码）、部署、测试等开发活动，迭代完成之后需要对迭代完成的结果进行评估，并以此为依据制订下一次迭代的目标。图 2-3 为迭代开发示意图。

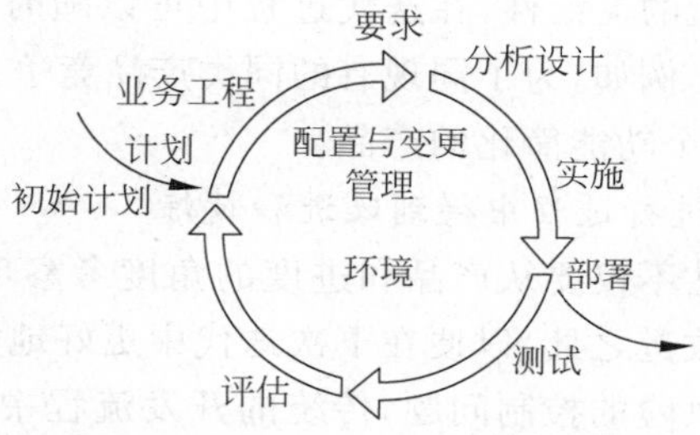

图 2-3 迭代开发模型

与传统的瀑布式开发模型相比较，迭代化开发具有以下特点。

1. 允许变更需求

需求总是会变化，这是事实。给项目带来麻烦的常常主要是需求变化和需求“蠕变”，它们会导致延期交付、工期延误、客户不满意、开发人员受挫。通过向用户演示迭代所产生的部分系统功能，可以尽早地收集用户对于系统的反馈，及时改正对于用户需求的理解偏差，从而保证开发出来的系统真正解决客户的问题。

2. 逐步集成元素

在传统的项目开发中，由于要求一下子集成系统中所有的模块，所以集成阶段往往要占到整个项目很大比例的工作量（最高可达 40%），这一阶段的工作经常是不确定并且非常棘手。在迭代式方法中，集成可以说是连续不断的，每一次迭代都会增量式集成一些新的系统功能，要集成的元素比过去少得多，所以工作量和难度都是比较低的。

3. 尽早降低风险

迭代化开发的主要指导原则就是以架构为中心，在早期的迭代中所要解决的主要问题就是尽快确定系统架构，通过几次迭代来尽快地设计出能够满足核心需求的系统架构，这样可以迅速降低整个项目的风险。等到系统架构稳定之后，项目的风险就比较低了，这个时候再实现系统中尚未完成的功能，进而完成整个项目。

4. 有助于提高团队的士气

开发人员通过每次迭代都可以在短期内看到自己的工作成果，从而有助于他们增强信心，更好地完成开发任务。而在非迭代式开发中，开发人员只有在项目接近尾声时才能看到开发的结果,在此之前的相当长时间,大家还是在不确定性中摸索前进。

5. 生成更高质量的产品

每次迭代都会产生一个可运行的系统,通过对这个可运行系统进行测试,在早期的迭代中就可以及时发现缺陷并改正,性能上的瓶颈也可以尽早发现并处理。因为在每次迭代中总是不断地纠正错误,所以可以得到更高质量的产品。

6. 保证项目开发进度

每次迭代结束时都会进行评估,来判断该次迭代有没有达到预定的目标。项目经理可以很清楚地知道有哪些需求已经实现了,并且比较准确地估计项目的状态,对项目的开发进度进行必要的调整,保证项目按时完成。

7. 容许产品进行战术改变

迭代化的开发具有更大的灵活性,在迭代过程中可以随时根据业务情况或市场环境来对产品的开发进行调整。例如,为了同现有的同类产品竞争,可以决定采用抢先竞争对手一步的方法,提前发布一个功能简化的产品。

8. 迭代流程自身可在进行过程中得到改进和精炼

一次迭代结束时的评估不仅要从产品和进度的角度考察项目的情况,而且还要分析组织和流程本身有什么待改进之处,以便在下次迭代中更好地完成任务。

迭代化方法主要解决风险的控制问题,传统的开发流程中系统的风险要到项目开发的后期(主要是测试阶段)才能够被真正降低。而迭代化开发中的风险,可以在项目开发的早期通过几次迭代尽快解决。在早期的迭代中一旦遇到问题,如某一个迭代没有完成预定的目标,还可以及时调整开发进度以保证项目按时完成。一般到了项目开发的后期(风险受控阶段),由于大部分高风险的因素(如需求、架构、性能)都已经解决,这时候只要投入更多的资源实现剩余的需求即可。这个阶段的项目开发具有很强的可控性,从而保证我们按时交付高质量的软件系统。

迭代化开发不是一种高深的软件工程理论,它提供了一种控制项目风险的非常有效的机制。在日常工作中我们经常应用到这一基本思想,如对于一个大型的工程项目,我们会把它分为几期分步实施,从而把复杂问题分解为相对容易解决的小问题,并且能够在较短周期内看到部分系统实现的效果,通过尽早暴露问题来帮助我们及早调整资源,加强项目进度的可控程度,保证项目的按时完成。

2.4.3 迭代方式开发软件

在实际工作中实践迭代化思想时,RUP 可以给予我们实践指导。RUP 是一个通用的软件流程框架,是一个以架构为中心、用例驱动的迭代化软件开发流程。RUP 是从几千个软件项目的实践经验中总结出来的,对于实际的项目具有很强的指导意义,是软件开发行业事实上的行业标准。

1. 关于开发资源的分配

基于 RUP 风险驱动的迭代化开发模式,只需要在项目的初始阶段投入少量的资源,对项目的开发前景和商业可行性进行一些探索性的研究。在细化阶段再投入多一些的研发力量实现一些与架构相关的核心需求,逐步把系统架构搭建起来。等到这两个阶段结束之后，项目的一些主要风险和问题得到解决，这时候再投入整个团队进行全面的系统开发。等到发布阶段，主要的开发任务已经全部完成，项目不再需要维持一个大规模的开发团队，开发资源也可以随之而减少。在项目开发周期中，开发资源的分配如图 2-4 所示。

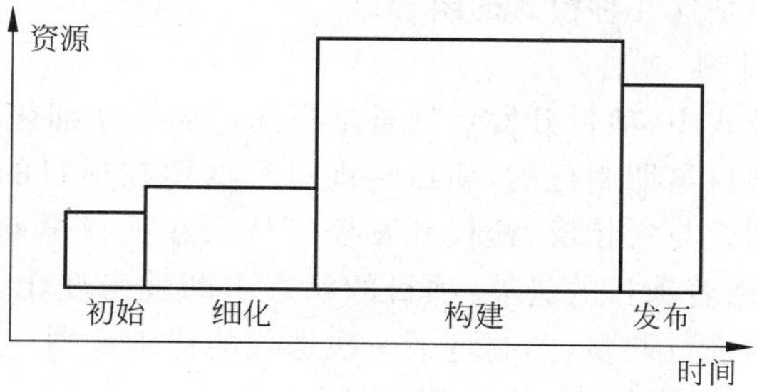

图 2-4 开发资源分配

这样安排可以充分有效地利用公司的开发资源，缓解软件公司对于人力资源不断增长的需求，降低成本。另外，由于前两个阶段(先启和精化)的风险较高，只是投入部分的资源，一旦发生返工或是项目目标的改变，也可以将资源浪费降到最低点。在传统的软件开发流程中，对于开发资源的分配基本上是贯穿整个项目周期而不变的，资源往往没有得到充分有效的利用。

基于这种资源分配模式，一个典型项目的项目进度和完成工作量之间的关系如表 2-1 所示。

表 2-1 项目进度与完成工作量的关系 单位：%

阶段	先启	精化	构建	产品化
工作量	5	20	65	10
进度	10	30	50	10

2. 迭代策略

关于迭代计划的安排，通常有以下 4 种典型的策略模式。

(1) 增量式(Incremental)。这种模式的特点是项目架构的风险较小(往往是开发一些重复性的项目)，所以精化阶段只需要一个迭代。但项目的开发工作量较大，构建阶段需要有多次迭代来实现，且每次迭代都在上一次迭代的基础上增加实现一部分的系统功能，通过迭代的进行而逐步实现整个系统的功能。

(2) 演进式(Evolutionary)。当项目架构的风险较大时(从未开发过类似项目)，需要在精化阶段通过多次迭代建立系统的架构，架构是通过多次迭代探索逐步演化而来的。当架构建立时，往往系统的功能也已经基本实现，所以构建阶段只需要一次迭代。

(3) 增量提交(Incremental Delivery)。这种模式的特点是产品化阶段的迭代较多，比较常见的例子是项目的难度并不大，但业务需求在不断地发生变化，所以需要通过迭代不断部署完成的系统；同时又要不断收集用户的反馈完善系统需求，并通过后续的迭代补充实现这些需求。应用这种策略时要求系统架构非常稳定，能够适应满足后续需求变化的要求。

(4) 单次迭代(Drand Design)。传统的瀑布模型可以看做是迭代化开发的一个特例,整个开发流程只有一次迭代。但这种模式有一个固有的弱点,由于它对风险的控制能力较差,往往会在产品化阶段产生一些额外的迭代,造成项目的延误。

这几种迭代策略只是一些典型模式的代表,实际应用中应根据实际情况灵活应用。最常见的迭代计划往往是这几种模式的组合。

3. 制订项目开发计划

在迭代化的开发模式中,项目开发计划是随目的进展不断细化、调整并完善的。传统的项目开发计划是在项目早期制订的,项目经理总是试图在项目的一开始就制订一个非常详细完善的开发计划。与之相反,迭代开发模式认为在项目早期只需要制订一个比较粗略的开发计划,因为随着项目的进展,项目的状态不断发生变化,项目经理需要随时根据迭代结果对项目计划进行调整,并制订下一次迭代的详细计划。

在 RUP 中,把项目开发计划分为以下三部分。

(1) 项目计划,确定整个项目的开发目标和进度安排,包括每一个阶段的起止时间段。

(2) 阶段计划,确定当前阶段中包含有几个迭代,每一次迭代要达到的目标以及进度安排。

(3) 迭代计划,针对当前迭代的详细开发计划,包括开发活动以及相关资源的分配。

项目开发计划是完全体现迭代化的思想,每次迭代中项目经理都会根据项目情况不断调整和细化项目开发计划。迭代计划是在对上一次迭代结果进行评估的基础上制订的,如果上一次迭代达到了预定的目标,那么当前迭代只需要解决剩下的问题;如果上一次迭代有一些问题没有解决,当前迭代还需要继续解决这些问题。所以必须注意,迭代是不能重叠的,即还没有完成当前迭代时,决不能进入下一次迭代,因为下一次迭代的计划是根据当前迭代的结果制订的。

2.5 迭代软件开发实践

【例 2-1】 以火车票订购管理系统为例。火车票订购管理系统中的系统功能及优先级别见表 2-2。

表 2-2 火车票订购管理系统功能及优先级别

序号	功能名称	功能需求标识	优先级
1	申请订票	TOS-F01	高
2	订票确认	TOS-F02	高
3	统计	TOS-F03	中
4	到票登记	TOS-F04	高
5	领票	TOS-F05	高
6	查询	TOS-F06	中
7	我的火车票	TOS-F07	中
8	修改密码	TOS-F08	低
9	导出 Excel	TOS-F09	中
10	导入学生信息	TOS-F10	低

假定，表 2-2 是目前仅已识别的系统功能，如何使用迭代完成这个项目呢？如果完成一个迭代开发计划，分 3 次完成上述功能，迭代开发计划见表 2-3。

表 2-3 迭代开发计划

序号	迭代	功能名称	功能需求标识	优先级
1	第 1 次	申请订票	TOS-F01	高
2	第 1 次	订票确认	TOS-F02	高
3	第 2 次	统计	TOS-F03	中
4	第 1 次	到票登记	TOS-F04	高
5	第 1 次	领票	TOS-F05	高
6	第 2 次	查询	TOS-F06	中
7	第 2 次	我的火车票	TOS-F07	中
8	第 3 次	修改密码	TOS-F08	低
9	第 2 次	导出 Excel	TOS-F09	中
10	第 3 次	导入学生信息	TOS-F10	低

第 1 次迭代计划完成申请订票、订票确认、到票登记和领票功能，也就是说在第 1 次迭代中，只需要对这几个功能进行建模，详细调研与这几个功能相关的详细需求，对它们进行分析设计，完成编码，测试和发布即可，其他的功能可以放在对应的迭代中完成。

第 2 次迭代只完成统计、查询、我的火车票和导出 Excel 这些功能的过程就可以了吗？答案是否定的，在第 2 次迭代中不仅要完成上述任务，还有一个重要的工作，即解决上次迭代中可能出现的需求变更及出现的问题，如 bug。当然，用户在试用第 1 次迭代发布的软件的同时也可能产生新的需求(在实际软件开发中，这种情况经常存在。例如，用户需要增加一个系统开关，这个开关用于控制学生只能在某个时间段提交订票申请)。当用户提出新的需求时，并不一定在第 2 次迭代中实现它，可以根据它的优先级安排在合适的迭代中完成。当然，也可以额外增加一个迭代，如第 4 次迭代。

在第 3 次及其以后的迭代过程中，重复第 2 次迭代的工作内容即可，如此进行多个迭代开发，将完成用户满意的软件成品。

上述开发过程示意见图 2-5。

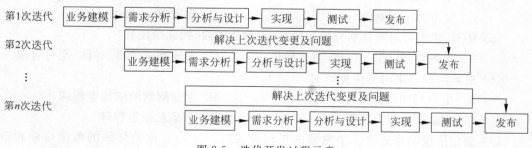

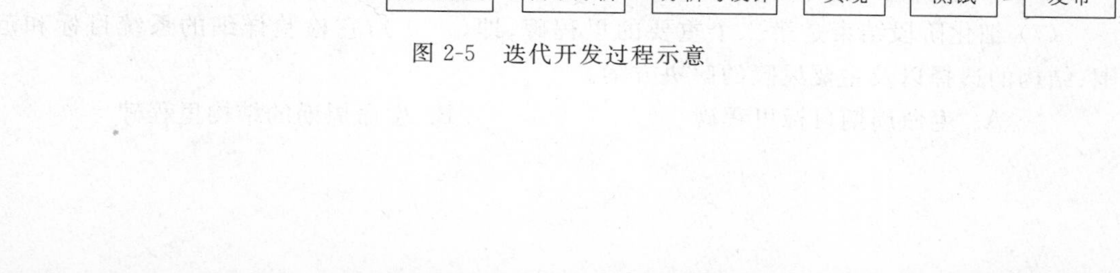

图 2-5 迭代开发过程示意

本章小结

RUP 提供了在开发组织中分派任务和责任的纪律化方法，它的目标是在可预见的日程和预算前提下，确保满足最终用户需求的高质量产品，它介绍了在每一个开发过程中如何使用 UML 进行建模。

RUP 是一种软件开发方法，它将软件开发生命周期分为初始阶段、细化阶段、构建阶段和交付阶段，包含 9 个开发过程(6 个核心过程工作流和 3 个支持工作流)，RUP 推荐使用迭代的软件开发方法，在每个迭代过程中反复使用生命周期及开发过程即可完成高品质的软件系统。

习　题

1. 选择题

(1) 需求工作流的目标是描述系统(　　)，并允许开发人员和用户就该目标的描述达成共识。

A. 做什么　　B. 怎么做
C. 如何进行开发　　D. 如何进行测试

(2) 分析和设计工作流的目标是显示系统在实现阶段是如何被(　　)的，分析和设计的结果是一个设计模型和可选的分析模型，设计模型是源代码的抽象，即设计模型充当源代码如何被组建和编制的蓝图。

A. 分析　　B. 调研　　C. 实现　　D. 部署

(3) RUP 提出了(　　)，意味着在项目开发过程中的任意节点都可以进行测试，从而尽可能早地发现缺陷，从根本上降低修改缺陷的成本。

A. 迭代的开发方法　　B. 瀑布的开发方法
C. 基于 CMMI 的开发方法　　D. 敏捷开发方法

(4) 发布工作流的目标是(　　)，将成品软件或半成品软件分发给最终用户。

A. 发布测试版本　　B. 成功地生成版本
C. 发布 Alpha 版本　　D. 发布 Beta 版本

(5) RUP 的生命周期被划分为初始阶段、细化阶段、构建阶段和(　　)。

A. 集成阶段　　B. 测试阶段　　C. 系统测试阶段　　D. 交付阶段

(6) 初始阶段结束时的里程碑叫(　　)。

A. 生命周期目标里程碑　　B. 生命周期的结构里程碑
C. 初始运作能力里程碑　　D. 产品发布里程碑

(7) 细化阶段结束是第二个重要的里程碑，即(　　)，它检验详细的系统目标和范围、结构的选择以及主要风险的解决方案。

A. 生命周期目标里程碑　　B. 生命周期的结构里程碑

C. 初始运作能力里程碑　　D. 产品发布里程碑

(8) 创建阶段结束时的里程碑叫(　　)。此刻，决定软件是否可以运作而不会将项目暴露在高度风险下，该版本也常被称为"beta"版。

A. 生命周期目标里程碑　　B. 生命周期的结构里程碑

C. 初始运作能力里程碑　　D. 产品发布里程碑

(9) 交付阶段的终点是一个重要的里程碑，叫(　　)，它决定目标是否达到或开始另一个周期。

A. 生命周期目标里程碑　　B. 生命周期的结构里程碑

C. 初始运作能力里程碑　　D. 产品发布里程碑

(10) RUP 核心工作流中，包含(　　)个核心过程工作流，包含(　　)个核心支持工作流。

A. 3　6　　B. 6　3

C. 3　4　　D. 以上答案都不对

2. 问答题

(1) 什么是 RUP 软件开发过程？它的优势是什么？

(2) RUP 的生命周期主要包含哪些阶段？它们的主要目标是什么？

(3) 业务建模的主要目的是什么？

(4) RUP 与 UML 的关系是什么？

(5) 迭代软件开发与传统软件开发相比有些什么优势？

(6) 迭代软件开发有哪 4 个阶段？每个阶段的目标是什么？

第 3 章

Enterprise Architect 工具

本章任务

学习建模工具 Enterprise Architect。

知识目标

(1) 了解 Enterprise Architect 建模工具。
(2) 学习 Enterprise Architect 基本操作。
(3) 了解 Enterprise Architect 团队合作机制。

能力目标

(1) 学会下载和安装 Enterprise Architect。
(2) 会使用 Enterprise Architect 绘制 10 种 UML 图形。

任务描述

在指定的官方网站下载 Enterprise Architect 最新试用版，并安装。通过对 Enterprise Architect 的常用功能的学习，能够建立简单的 10 种 UML 图形。

3.1 简 介

Enterprise Architect(EA)是著名的 UML/MDA 工具之一，是澳大利亚 SPARX Systems 公司(网址：www. sparxsystems. com. au)的产品，当前最新版本为 10.0。

EA 是一个全功能的、基于 UML 的可视化 CASE(Computer Aided Software Engineering，计算机辅助软件工程)工具，主要用于业务流程建模、系统分析和设计、构建和维护软件系统，并可广泛用于各种建模需求。最新 EA 版本与 OMG(www. omg. org)的 UML 版本同步，它提供所有 UML 图表。EA 的功能覆盖了软件开发周期的各个过程，如从前期原始需求收集、业务建模、需求分析、软件设计、代码生成、逆向工程、测试跟踪、后期维护等，同时，EA 支持从前期设计到部署和维护的全程跟踪视图。

EA 支持多人协作开发，可与配置管理工具无缝集成；EA 可以生成不同的报表(RTF 和 HTML)；EA 提供 MDG Link for Eclipse 插件，与 Eclipse 紧密结合，能够生成和反向工程 Java 类。它支持 C++、Java、Visual Basic、Delphi、C＃以及 VB .NET 语言。

EA 与其他 UML 工具相比，具有如下特点。

(1) 更广泛的 UML 特性支持，完全支持 UML 2.1。

(2) 内置的需求管理和跟踪矩阵功能。

(3) 支持项目管理，包括项目资源、度量和测试管理。

(4) 支持 JUnit 和 NUnit 集成。

(5) 灵活的文档输出，支持 HTML 和 RTF(Rich Text Format，多文本格式)报告，非常灵活的可选项并可自定义模板。

(6) 支持多种语言的代码生成。

(7) 集成调试工作区，可支持 Java、.NET 调试。

(8) 可扩展的模型和对象，完全支持用户自定义。

(9) 易用性好，使用直观、方便。

(10) 速度快，软件安装简洁。

(11) 可扩展性，支持通过外部工具调用 EA 的功能，也可通过插件扩展 EA 的功能。

(12) 价格低廉：比其他同类 CASE 工具更有优势，让小型团队也可承受。

3.2 下载与安装 EA

3.2.1 下载 EA

SPARX Systems 公司提供了多种 EA 下载方式，可以方便地下载最新试用版本。

(1) 从中文官方网站下载，下载地址是 http://www.sparxsystems.cn。

(2) 从英文官方网站下载，下载地址是 http://www.sparxsystems.com 或 http://www.sparxsystems.cn。

(3) 使用搜索引擎搜索"Enterprise Architect"并下载。

3.2.2 安装 EA

安装 EA 的方法非常简单，运行下载可执行文件即可。具体步骤如下。

(1) 双击运行 EA 安装包。安装 EA 起始界面如图 3-1 所示。

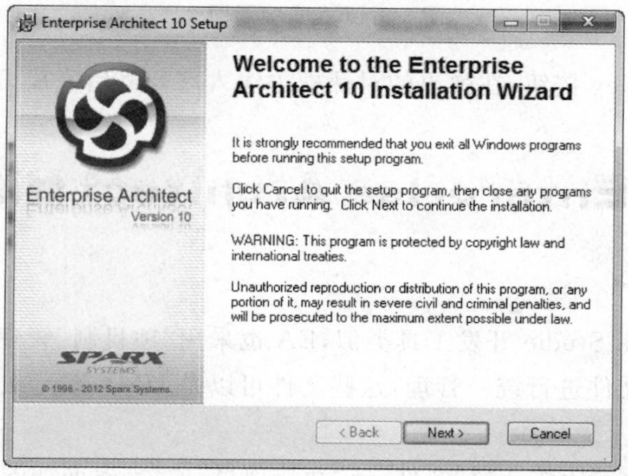

图 3-1 安装 EA 起始界面

(2) 输入使用者的用户名和组织。界面如图 3-2 所示。

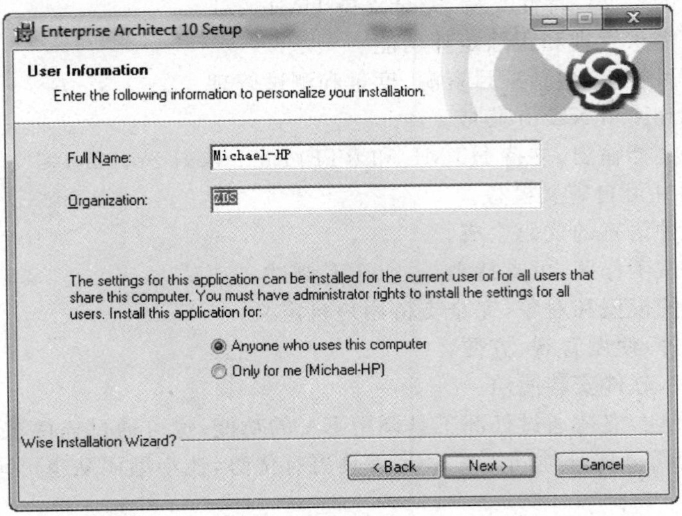

图 3-2　EA 安装界面 1

(3) 完成安装后,运行 EA 时将提示输入序列号,界面如图 3-3 所示。

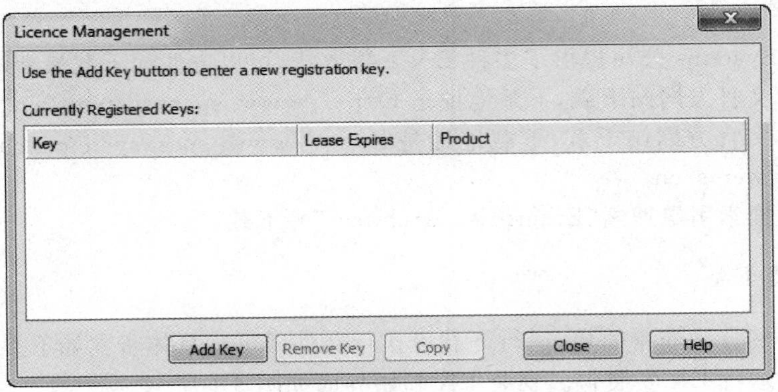

图 3-3　EA 安装界面 2

(4) 单击 Add Key 按钮,在弹出的对话框中输入序列号后完成 EA 注册。

3.3 Enterprise Architect 使用方法

3.3.1 新建项目

与微软的 Visual Studio 开发工具类似,EA 也采用"项目制"管理方式,即由一个项目文件对所属的所有文件进行统一管理,这些文件可以是 UML 图形文件,也可以是其他类型的文件。

新建项目的步骤:依次选择"文件"→"新建项目"命令,界面如图 3-4 所示。

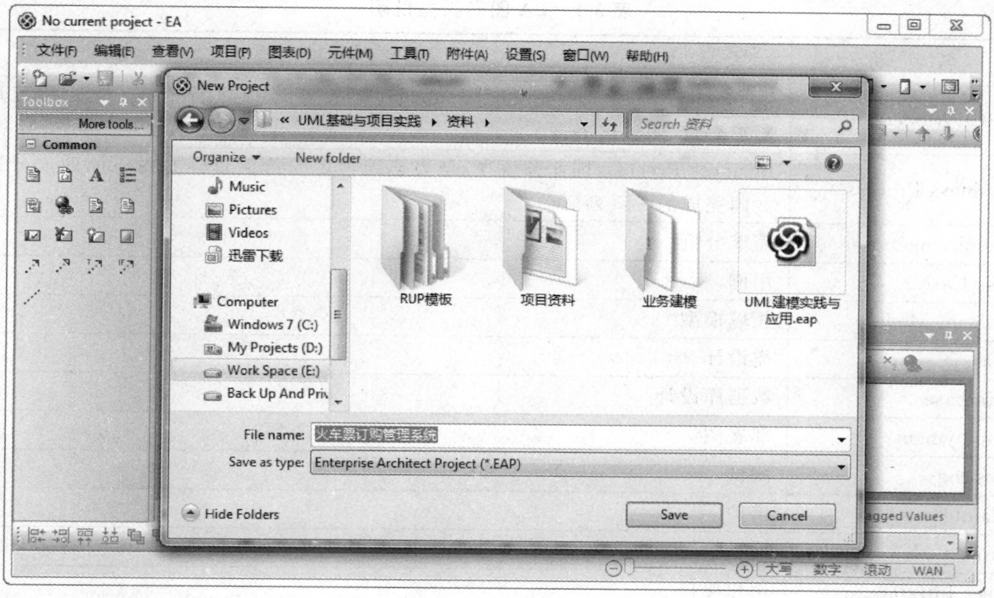

图 3-4 新建项目界面

在弹出的对话框中选择要建立的 UML 图形类型,如图 3-5 所示。EA 提供了全部 UML 图形模板及元件原型,图 3-5 中的图形类型说明见表 3-1。

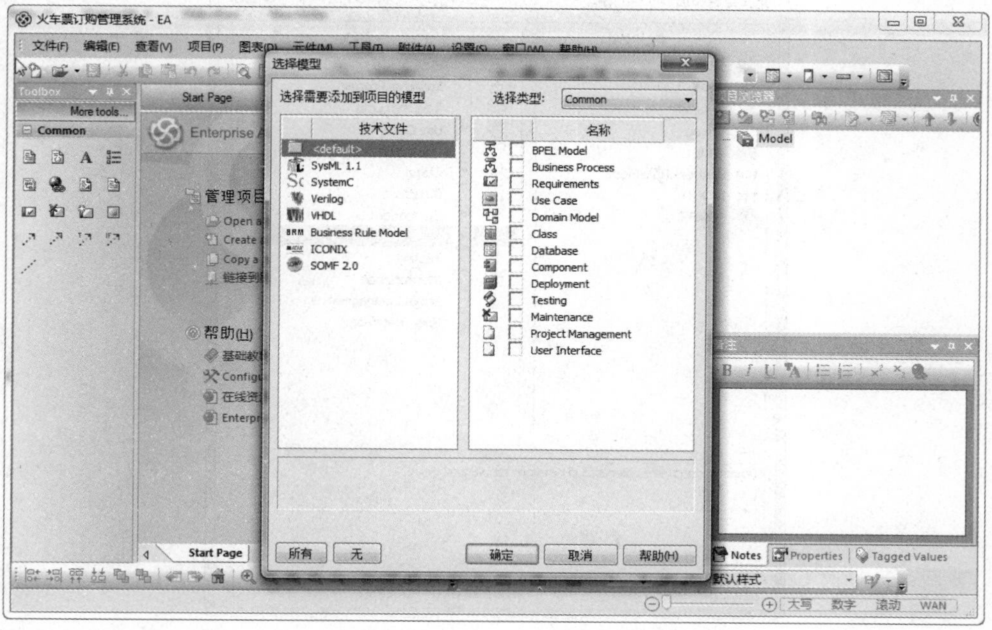

图 3-5 选择 UML 图形界面

表 3-1　EA 图形类型说明

名　　称	说　　明
BPEL Model	Business Process Execution Language，即业务流程执行语言，是一种使用 XML 编写的编程语言
Business Process	Business Process，即业务流程，是为达到特定的价值目标而由不同的人分别共同完成的一系列活动
Requirements	需求分析
Use Case	用例
Domain Model	领域模型
Class	类设计
Database	数据库设计
Deployment	部署图
Testing	测试
Maintenance	维护
Project Management	项目管理
User Interface	用户接口

在图 3-5 选择几种常用的图形，单击“确定”按钮生成项目，如图 3-6 所示。

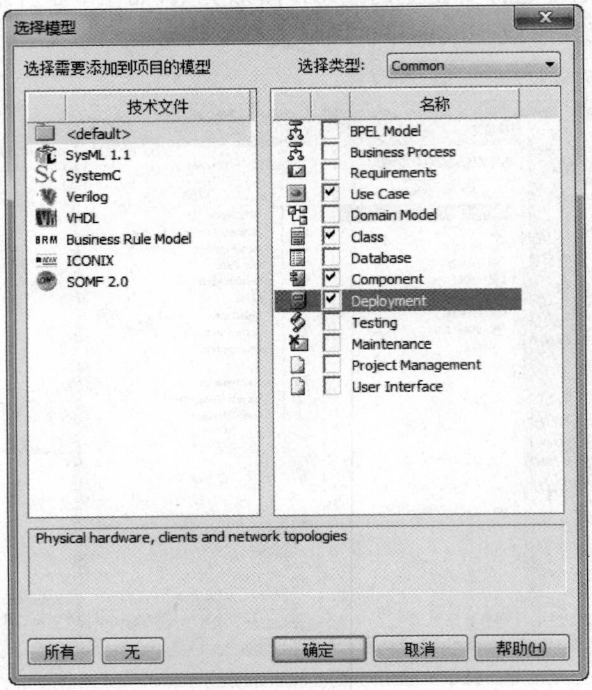

图 3-6　选择图形

单击图 3-5 中的“确定”按钮后，EA 自动生成项目树。在项目浏览器中可以看到生成的项目目录，如图 3-7 所示。

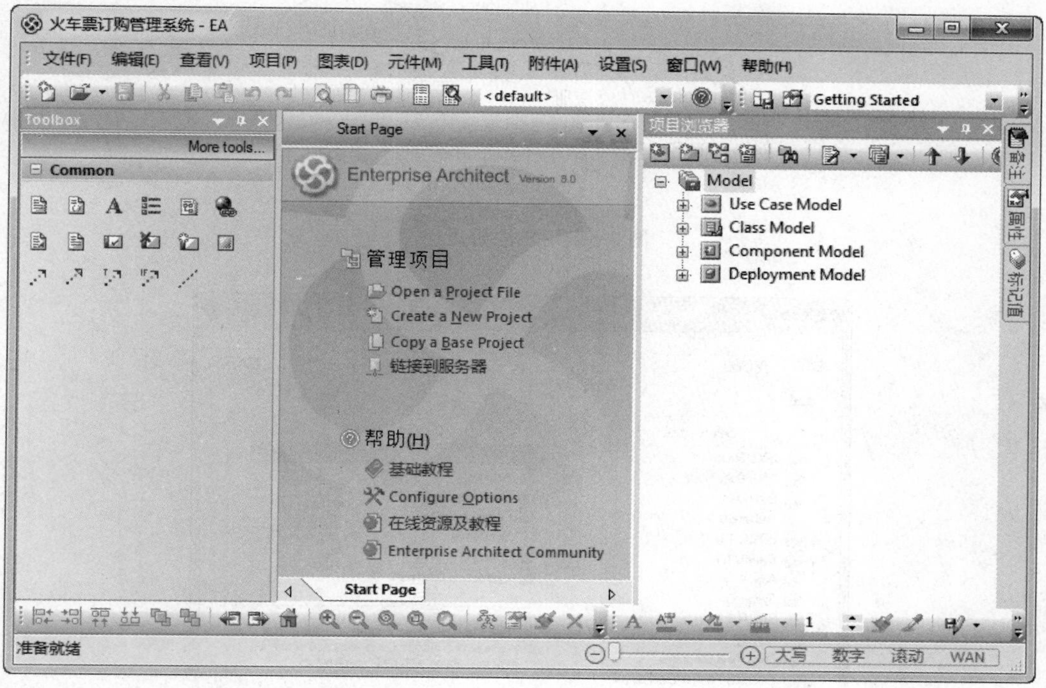

图 3-7 EA 生成的项目目录

EA 的操作面板分为以下几个区域。

(1) 菜单区域,即面板的最顶端部分,提供 EA 所有的功能操作及设置。

(2) 工具条区域,即常用快捷操作区域,在菜单区域的下方。

(3) 工具箱(Toolbox)区域,即面板最左顶部分,提供常用的绘制 UML 图形符号。

(4) 绘制区域(显示为 Start Page 区域),所有的 UML 图形都在这里完成。

(5) 项目浏览器,即面板右边区域,提供 UML 模型分类,所有的 UML 图形显示在这里。

3.3.2 绘制 UML 图

UML 中,常用图形有 10 种。在本节介绍最常用的两种图形在 EA 中的绘制方法,即用例图与类图。

1. 用例图

需求分析是系统分析的第一步,因为大部分的开发流程都将需求分析作为首要步骤,也是必要步骤。在 RUP 中使用用例图描述用户需求,将用户需求图形化,从而将其清晰、明了地表达给阅读者。

【例 3-1】 图 3-8 表达了一个用户注册和登录的场景。

(1) 首先在项目浏览器中,在 Use Case Model 节点上右击,并在弹出的快捷菜单中选择“添加”→“新建图表”命令,如图 3-9 所示。

(2) 角色是用例图的行为基础。虽然角色可以是某种职位的人,或是数据库,或是外

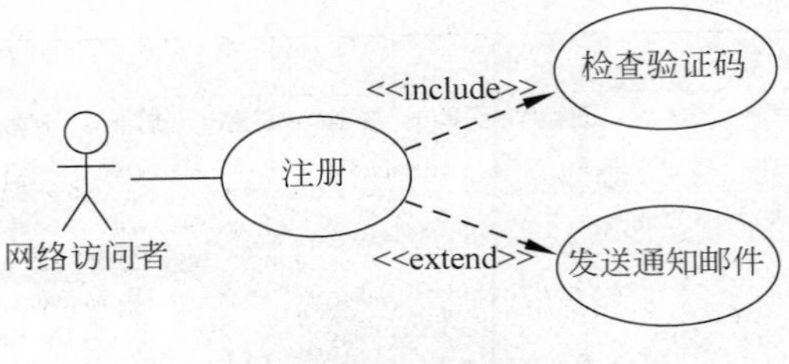

图 3-8 用户注册用例图

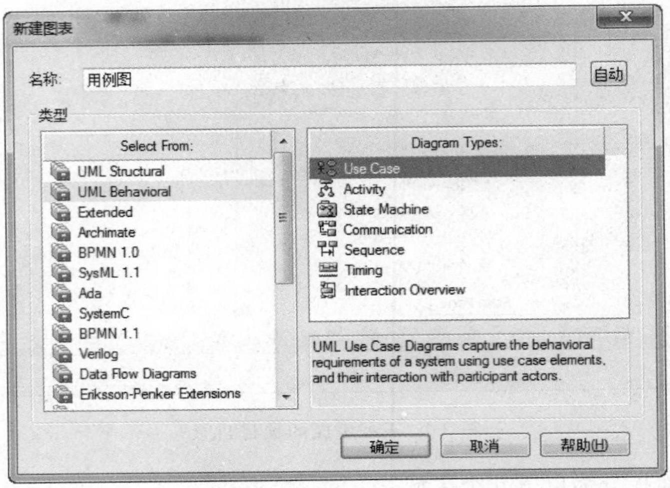

图 3-9 新建用例图

部系统交互接口。但是,每个用例图都是以角色开始的,角色可以有类属关系。在工具箱(一般情况下,工具箱在 EA 界面的左边区域,如果没有显示,请依次选择“查看”→“图表工具箱”命令将其显示出来)中拖一个 Actor 元件到图形绘制区域,并在弹出的对话框中将其命名为“网络访问者”,如图 3-10 所示。

(3) 然后,可以加入这个角色要完成的功能,即用例。添加用例可以有两种方法,第一种直接从工具体箱中拖出 Use Case 元件到绘画区域;第二种是选中“角色”元件,拖动元件右上角的“↑”到理想位置,松开鼠标键后依次选择 Use Case→Use 命令,如图 3-11 所示,在弹出的对话框中设置用例的名称为“注册”(每次添加的元件,都将打开这个元件的设置对话框,在对话框内填入元件的名称等信息)后,生成的用例图如图 3-12 所示。

图 3-10 角色符号

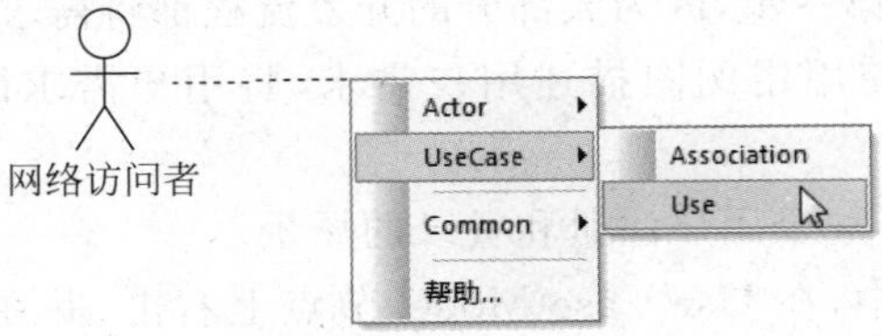

图 3-11 添加用例方法说明

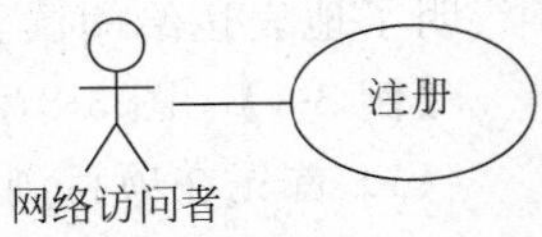

图 3-12 用例图示例

(4) 加入关联，用例图中最常用的关联是“泛化(Generalization)”、“包含(Include)”或“扩展(Extend)”。“使用”即是“用”的意思；“包含”是主用例在没有包含其他的辅助用例时就不能独立执行；“扩展”是主用例可以在没有“扩展”其他辅助用例的情况也可以执行。例如，注册“包含”了检查验证码，但是不一定会“扩展”发送通知邮件这个用例。选中“注册”元件，拖动元件右上角的“↑”至适当位置后松开鼠标，在弹出的菜单中依次选择Use Case→Includes 命令，并在弹出的对话框中设置用例名称为“检查验证码”；用相同的方法添加一个扩展用例(Extends)“发送通知邮件”。

2. 类图(Class)

在面向对象分析(Object-Oriented Analysis，OOA)、设计(Object-Oriented Design，OOD)中类图是代码工程的基础，同时也是系统设计部分的主体工作，类图主要体现了系统详细的实现架构。

【例 3-2】 设计一个实现用户注册功能的业务类。

(1) 新建“类”图表。回到“火车票订购管理系统. eap”文件，在“项目浏览器”中右击Class Model 选项，依次选择“添加”→“新增图表”命令。在弹出的对话框中，首先选择Select From 下拉框中的 UML Structural 选项，即选择“UML 结构”选项，然后从Diagram Types(即图表类型)下拉框中选择 Class(即类)选项，最后在“名称”中输入“类图”，如图 3-13 所示。

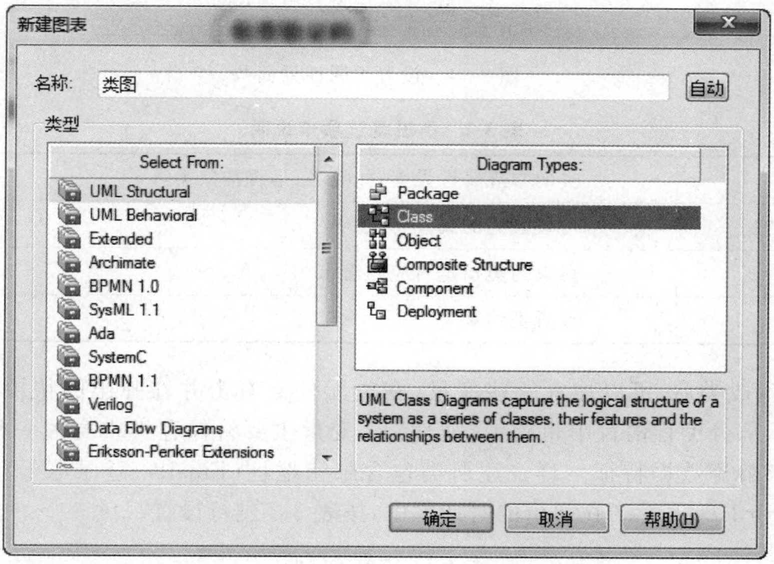

图 3-13 新建类图操作界面

(2) 新建类图表。类是一个比较复杂的对象，它不但包含属性，还可能包含方法、约束、关系成员等。从“工具箱”中拖出一个 Class 元件，在弹出的对话框中，将“名称”设置为 Register，如图 3-14 所示。

常用选项卡说明见表 3-2。

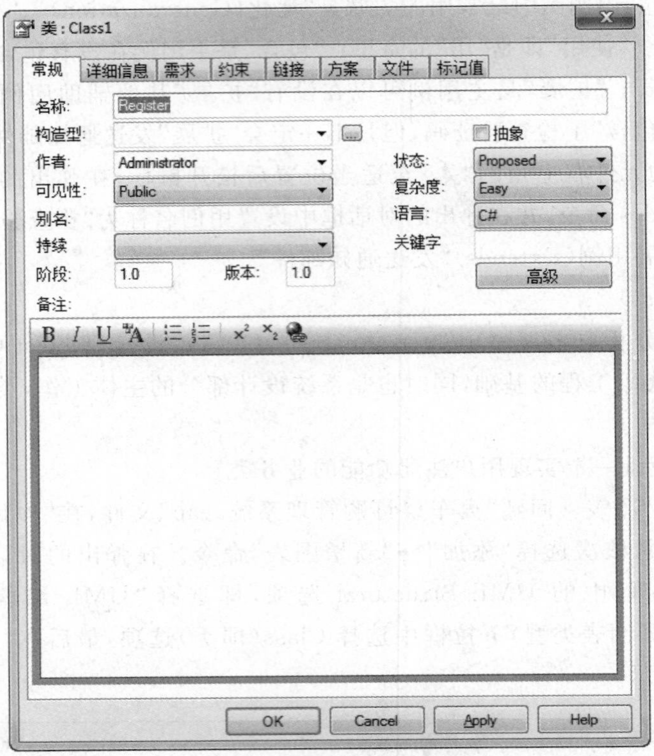

图 3-14 设置类属性界面

表 3-2 类设置选项卡说明

常规	类的常规属性设置,如类名、是否抽象类等
详细信息	可设置类的属性、方法等
需求	可以为类指定对应的需求
约束	设置类约束

(3) 在生成类后,可以加入一些变量(在类元件上右击并在弹出的快捷菜单中选择“变量”命令,部分编程语言中也称为“属性”),变量主要将保存类本身的一些数据,如同人的性别、年龄等数据特征一样。注册类包含邮箱地址(Email),登录账号(Account)及密码(Password)等属性。在弹出的对话框中,按表 3-3 进行设置。

表 3-3 类设置说明

设置项	设置值	说　　明
名称	Email	指定变量的名称
类型	string	指定变量的数据类型
可见性	Public	指定变量的可访问性,与程序语言的访问级别相同

单击“保存”按钮即可完成属性的添加。按相同的步骤添加登录账号和密码属性后，如图 3-15 所示。

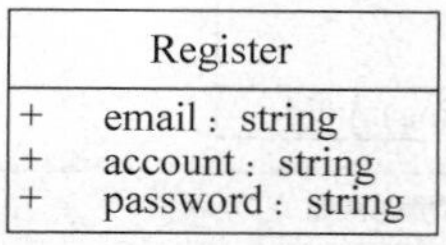

图 3-15　类的属性图

（4）类还需要加入方法（在类元件上右击并在弹出的快捷菜单中选择“方法”命令），例如注册类中，需要根据网络用户提供的信息创建新的账户。在类的方法里面，可以设置每个方法的参数，参数类型，还有参数的备注，这将在代码工程内直接作为参数和方法的注释生成到代码文件。在弹出的对话框中，创建一个 CreateAccount 方法用于创建新的账户，它有 3 个参数（邮箱地址、登录账号和密码），如图 3-16 所示。

图 3-16　新增方法对话框

（5）类之间的关系。类之间可能存在一些关系，常用的有继承关系（Generalize 或者叫派生类）及关联关系。例如在注册时，可能有些特殊的注册方式，如接收了 VIP 卡号的人员注册。VIP 注册比普通注册多一些步骤，如验证 VIP 卡号有效性。这个 VIP 注册类就继承于注册类，拥有全部普通注册的功能，但又有一些自己特有的功能，这就能体现出代码的可重用性。在代码生成时，会加上 extends（根据编程语言不同生成不同的继承关键字）这个关键字标识它们的关系，如图 3-17 所示。

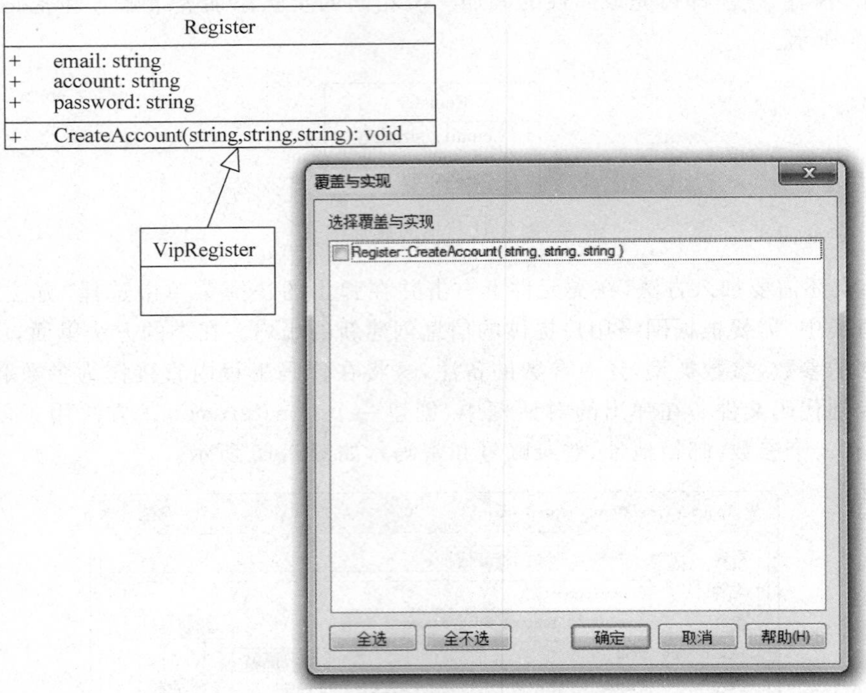

图 3-17　添加类继承关系

网络访问者在注册成功后，可以发表一些帖子，它们之间是 1∶n 的关系。如果使用 Posts 类代表网络访问者发表的帖子，则可表示为如图 3-18 所示。

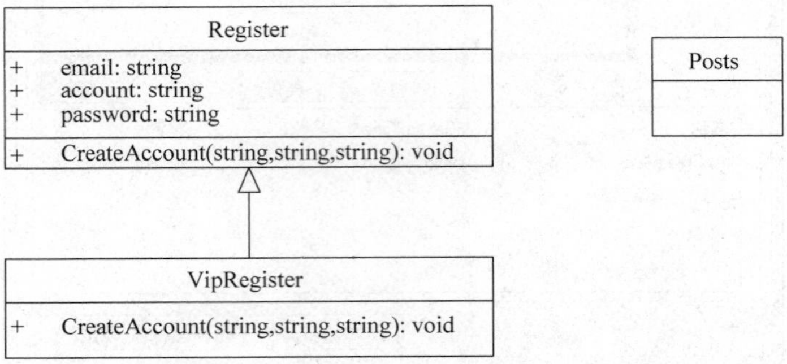

图 3- 18　类继承关系表示示意图

图 3-18 中，Register 与 Posts 之间存在必然联系，为了更清晰地说明它们之间的关系，在设计类时要对它们之间的多重度进行具体描述。在它们间建立关联关系，并双击关联线，在弹出的对话框中设置 Register 类与 Posts 类的关系。在 Source Role 选项卡中的“阶元”下拉框中选择“1.. *”选项，在 Target Role 选项卡中的“阶元”下拉框中选择“0.. *”选项，即完成了关系设置，如图 3-19 所示。

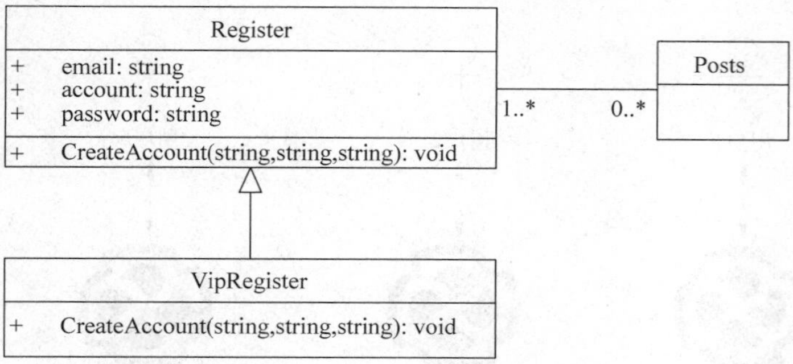

图 3-19 具有多重度说明的类图

3.3.3 代码工程

代码工程就是将已经画好的类图，使用 EA 来生成相应的代码结构，之所以说是代码结构，是因为在生成的代码中，仅有初始的类结构和一些预设的值，类方法内部的代码还是需要手动写。另外，如果在类的设置里，或者是变量、方法还有方法的参数里，加上了备注，那么，代码工具会帮助你把这些备注全部生成工整的代码注释。

【例 3-3】 将 Register 类生成 PHP 代码。

(1) 右击 Register 类，在弹出的菜单中选择“生成代码”命令。

(2) 在目标语言中选择 PHP 选项(当然也可生成其他编程语言)。

(3) 单击“生成”按钮即可生成 PHP 代码文件。

3.3.4 反向工程

反向工程是代码工程的逆操作，即将原有的类库(如 dll 文件)代码，使用 EA 进入导入类结构，直接生成类图。这在系统重构，或者是基于旧项目类库制作新项目的时候，非常有用。

在项目浏览器中，选择要导入类图的位置，右击后，在弹出的快捷菜单中依次选择“代码工程”→“导入源文件目录”命令，打开“反向工程”对话框，设置好后，单击“导入”按钮即可。

3.4 Enterprise Architect 团队合作机制

Enterprise Architect 工具提供了强大的团队使用机制，使得软件开发工作不是单兵作战。它将每一个团队成员的成品信息共享，从而使得团队工作可以有条不紊地进行。图 3-20 是团队合作建模在 EA 工具下的拓扑结构。

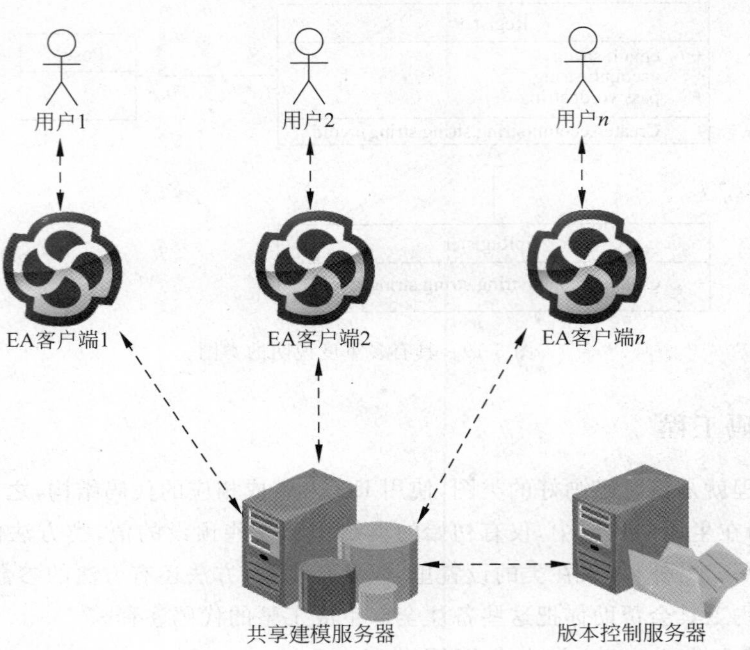

图 3-20 团队合作拓扑图

本章小结

本章介绍了 UML 建模工具的安装，它是通过项目的方式管理 UML 图，同时也支持将类图生成代码以及逆向工程。总之，EA 是一款现代的、简单的 UML 建模工具，不但支持单人设计，还对团队合作有很好的支持。

习 题

(1) 下载 EA 最新版本并练习安装。

(2) 使用 EA 新建一个名为“学生请假管理系统”项目，其中包含用例图和类图模型。

(3) 使用 EA 新建一个名为“学生请假”的用例图，如图 3-21 所示。

(4) 使用 EA 新建一个名为“学生信息”和“假条”的类名，如图 3-22 所示。

图 3-21 学生请假用例图

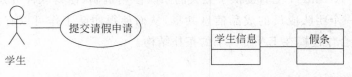

图 3-22 学生请假相关的类图

第 4 章

业务建模

Chapter 4

本章任务

绘制火车票订购管理系统的业务流程图。

知识目标

(1) 了解业务建模的基本概念。
(2) 了解业务建模的主要任务。
(3) 掌握活动图的符号及用法。

能力目标

能使用活动图描述顶层用户需求。

任务描述

了解火车票订购管理系统产生的背景及用户需求,学习业务建模的相关基础理论,学习活动图的相关知识,能使用活动图正确地描述用户需求及业务流程。

4.1 火车票订购管理系统产生背景

每到暑假或寒假,为了快捷、安全地使学生购买回家的火车票,许多学校的相关部门推出了假前购票服务。某学院也不例外,他们现行手工购买火车票的操作模式如图 4-1 所示。

图 4-1 中共有 4 个角色参与整个火车票订购流程。

(1) 学生处:学生处工作人员的职责是下发、汇总各系上报的《火车票订购统计表》和购买火车票预付款,向火车站买票和下发购买的火车票。

(2) 二级院系学生科:主要职责是转发《火车票订购统计表》,汇总各班上报的《火车票订购统计表》和购买火车票预付款。在整个购票流程中,这是一个最无辜的角色,它在手工订购流程中必须存在,因为学生处不可能越级将《火车票订购统计表》直接下发给辅导员。

(3) 辅导员:主要职责是“转”,下发《火车票订购统计表》,上交《火车票订购统计表》

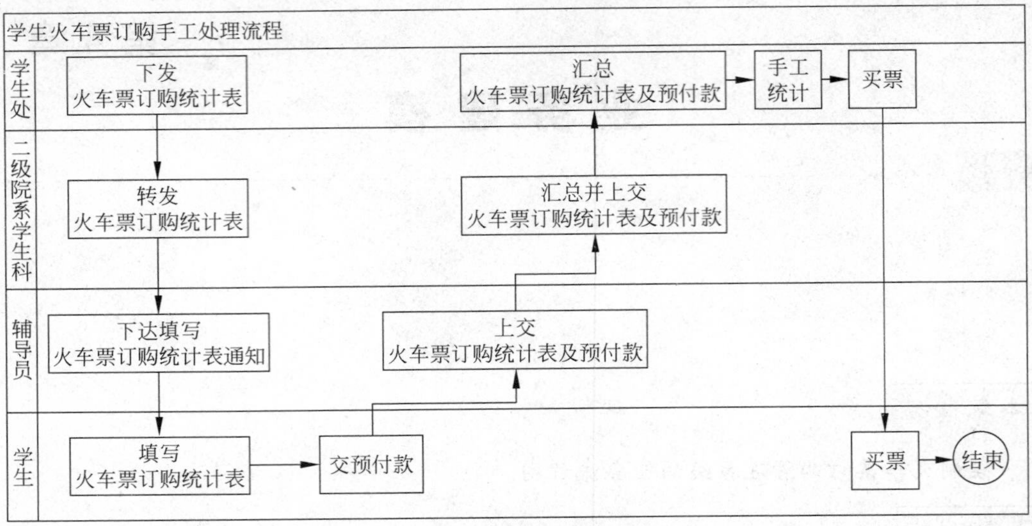

图 4-1　某学院现行手工购买火车票的操作模式

及购票预付款。这个角色也比较无辜,它是否存在对整个流程并不会构成太大的影响。

(4) 学生：火车票的使用者,整个购票流程的直接驱动者。

4.2 概　　述

建模是建立系统模型的过程,又称模型化。建模是研究系统的重要手段和前提,凡是用模型描述系统的因果关系或相互关系的过程都属于建模。业务建模即是对系统的业务需求进行模型化的过程。

业务建模是需求工程中最初始的阶段,也是整个项目的初始阶段。需要指出的是,业务建模时间的跨度在不同的项目中是有很大的差别的。在有些项目中,例如大型 ERP 系统,可能需要几个月的时间。而对于普通的项目,业务建模的时间可能只需要几天时间。

4.2.1　软件需求

软件需求包括 3 个不同的层次：业务需求、用户需求和功能需求(也包括非功能需求)。

(1) 业务需求(Business Requirement)描述组织或客户的高层次目标。通常,问题定义本身就是业务需求,业务需求可能就是系统目标,它必须是业务导向、可度量、合理、可行的。这类需求通常来自于高层,例如项目投资人、购买产品的客户、实际用户的管理者、市场营销部门或产品策划部门。业务需求从总体上描述了为什么要开发系统(Why),组织希望达到什么目标。一般使用前景和范围(Vision and Scope)文档来记录业务需求,这份文档有时也被称作项目轮廓图或市场需求(Project Charter 或 Market Requirement)文档。组织愿景是一个组织对将使用的软件系统所要达成的目标的预期期望,业务需求一般在项目视图与范围文档中予以说明。

分析业务需求有很多种方法,最常用的是“问题域”分析方法。问题域是指与问题相关的部分现实世界,即要实现的业务功能与其相关的内容。需求工程是一个获取并文档化用户需求信息的过程,用户所关心的是在问题域内产生的效果,对软件的实现并不关心。

(2) 用户需求(User Requirement) 描述组织或客户的微观目标,即描述了用户使用产品必须要完成的任务,这在用例(Use Case)文档中予以说明。

(3) 功能需求(Functional Requirement)定义了开发人员必须实现的软件功能,使得用户能完成他们的任务,从而满足了业务需求。在《软件需求规格说明书》中说明的功能需求充分描述了软件系统所应具有的行为。《软件需求规格说明书》在开发、测试、质量保证、项目管理以及相关项目功能中都起重要作用。对一个大型系统来说,软件功能需求也许只是系统需求的一个子集,因为另外一些可能属于子系统(或软件部件)。作为功能需求的补充,软件需求规格说明还应包括非功能需求,它描述了系统展现给用户的行为和执行的操作等。它包括产品必须遵从的标准、规范和合约;外部界面的具体细节;性能要求;设计或实现的约束条件及质量属性。

4.2.2 建模的目的

(1) 了解目标组织(将要在其中部署系统的组织)的结构及机制,从中提取系统的角色,从而为抓取用例提供角色支持。

(2) 了解目标组织中当前存在的问题并确定改进的可能性。

(3) 确保客户、最终用户和开发人员就目标组织达成共识。由于开发人员的权利和义务正好和涉众相反,所以就系统目标达成一致是非常必要的。

(4) 导出支持目标组织所需的系统需求。开发人员在与涉众达成一致后,可以将系统需求导出并文档化,这是后序工作的基础,也是项目验收的标准。

为实现这些目标,业务建模工作流程说明了如何拟定新目标组织的前景,并基于该前景来确定该组织在业务用例模型和业务对象模型中的流程、角色以及职责。

4.2.3 建模的主要任务

项目涉众(即客户方与项目相关的所有人员)的共同愿景:要想项目成功,就离不开项目涉众的支持。在项目一开始,不论是项目涉众还是开发人员,对项目的任务、范围都是模糊不清的。但随着项目的深入,原来模糊的景象会慢慢清晰起来。但是为了不浪费时间,有必要在项目导入之前,先在项目涉众中树立一个共同的愿景。共同愿景的树立可没有想象中的那么简单,因为每位涉众都关心自己的利益,都有自己的评判标准。可以把大家的意见都列在白板上,然后逐项集中讨论,做出修正,直到大家的意见一致的时候为止。

建模的主要任务是在共同愿景的树立过程中,确定项目范围(Scope)和高阶(High-Level)需求。

(1) 项目范围:项目该做什么,不该做什么,需要在一开始就有明确的定义。对于项目范围内的需求，一个也不要放过，而项目之外的，一个也不要去关心。虽然有的时候，范围的变化会有利于项目本身，例如客户的合理要求或是市场目标客户的变化，但是这种变化应该要在“资源能够支持”和“得到审批”的前提下进行。

(2) 高阶需求：既然是高阶需求，就不能讨论过多的细节。在讨论高阶需求的时候，应尽量保证快速地讨论出系统的概貌，得到项目涉众的一致通过，取得项目涉众的支持，才能保证需求计划的顺利进行。可以选择在这个时候告诉项目涉众他们的权利和义务，以及开发人员的权利和义务。

4.3 UML业务建模工具

4.3.1 活动图

活动图表示在处理某个活动时，两个或者更多类对象之间的过程控制流。活动图最适合用于对较高级别的过程建模，例如公司当前的业务是如何运作的。活动图非常“通俗易懂”，能使有业务头脑的分析者快速地理解它们。图 4-2 描述了在超市中购物的流程。

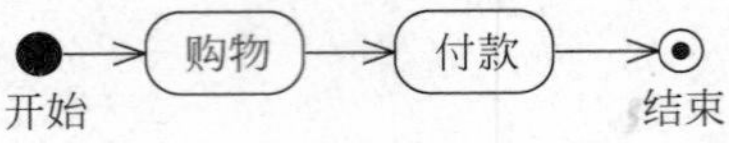

图 4-2 活动图示例

活动图由节点和边两种基本元素构成。其中作为节点的元素称为活动节点，包括动作、判断、合并、分叉、汇合、起点、结束等，作为边的元素称为活动边，包括控制流和对象流。

1. *活动*

活动是构成活动图的基本单位，是一个不可分的行为单位，活动表示系统执行的过程或活动，是对一项系统行为的描述。在 UML 中，活动称为动作状态，表示工作流程中命令的执行或活动的进行，用圆角矩形表示，如图 4-3 所示。活动具有以下特点。

(1) 原子性，活动是活动图中的最小构成单位，不可再分。

(2) 不可中断性，一旦运行必须直到结束，不可中断。

(3) 瞬时行为性，活动是瞬时的行为，占用的处理时间极短。

(4) 存在入转换，活动可以有入转换，动作状态必须有一条出转换。

2. *起点与终点*

状态在活动图中表示为为读者说明转折点的转移，或者用来标记在工作流中以后的条件。在活动图中，开始状态和结束状态是两种特殊的状态，分别用图 4-4 的符号表示开始与结束。

图 4-3 活动的表示符号

图 4-4 活动图的起点与终点符号

3. 转移

活动与活动之间的转换称为转移。活动图开始处于初始状态，然后自动转移到第一个活动，一旦该活动工作结束，控制就会立即转移到下一个动作或活动状态，并不断重复，直到碰到一个分支或结束为止。在 UML 中，用有向的箭头表示，图 4-5 表示从开始转移到"做家庭作业"活动，完成后转移到"玩游戏"。

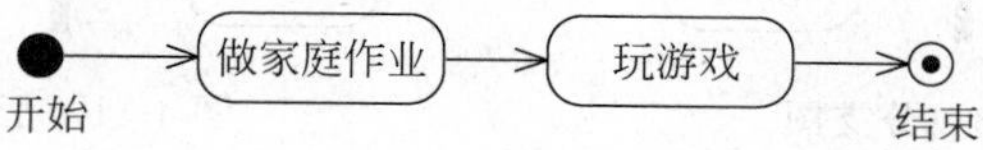

图 4-5 活动转移示例图

4. 判断与合并

判断是活动图中的一种控制节点，它表示当活动执行到此时将判断是否满足某个或某些条件，以决定从不同的分支选择下一步将要执行的活动，如图 4-6 所示。

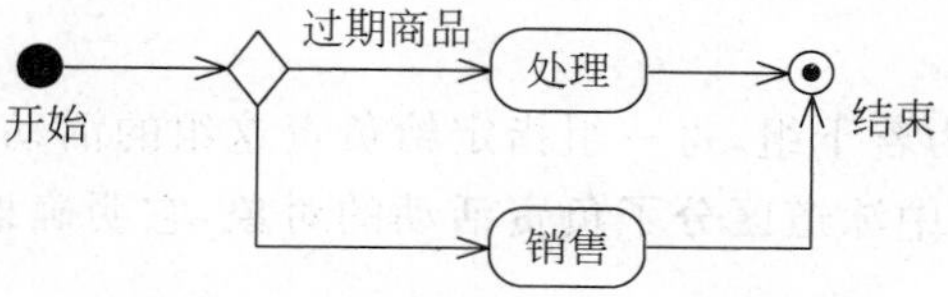

图 4-6 判断示例图

在 UML 中，使用菱形作为判断的标记符，菱形也可以表示多条控制流的合并，如图 4-7 所示。

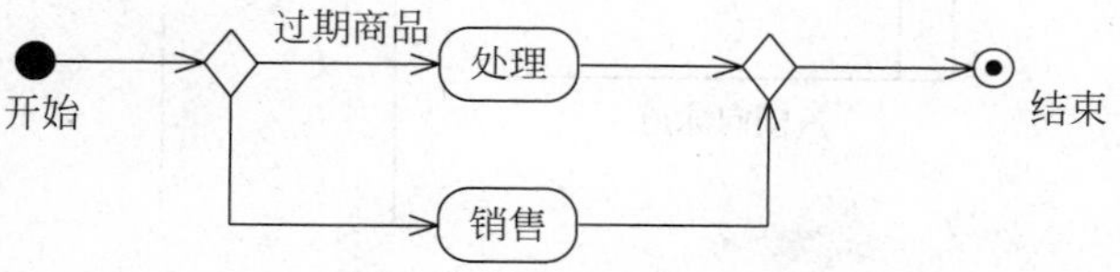

图 4-7 判断与合并示例图

5. 分叉与汇合

为了对并发的控制流进行建模和描述，UML 中引入分叉与汇合概念。分别用图 4-8 和图 4-9 的符号表示。

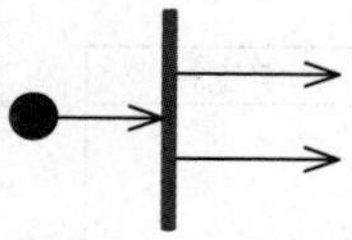

图 4-8 分叉

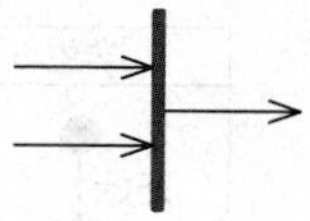

图 4-9 汇合

分叉用于将一个控制流分为两个或多个并发运行的分支，它可以用来描述并发进程，每个分叉可以有一个输入转移和两个或多个输入转移，每个转移都可以是独立的控制流，如图 4-10 所示。

汇合代表两个或多个并发控制流同步发生，它将两个或多个并发控制流合并到一起形成一个单向控制流。每个连接可以有两个或多个输入转移和一个输出转移，如图 4-11 所示。

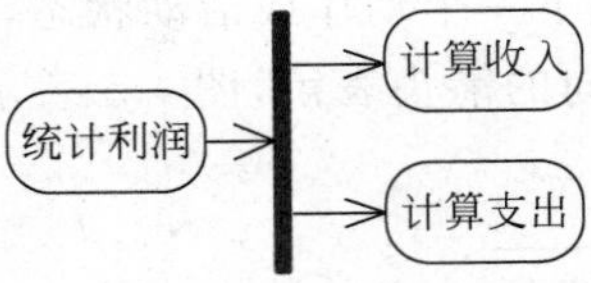

图 4-10 分支图

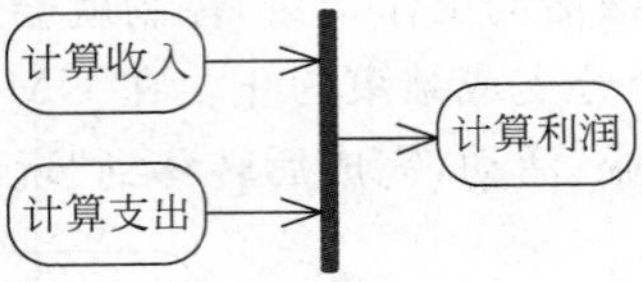

图 4-11 汇合图

> **注意**：分叉与汇合要匹配使用，即每当在活动图上出现一个分叉时，就有一个对应的汇合将分叉出去的诸线程汇合到一起。

6．泳道

泳道将活动图划分为若干组，每一组指定给负责这组的活动执行者（可以是对象也可以是参与者）。在活动图中泳道区分了负责活动的对象，它明确地表示哪些活动是由哪些对象进行的。

泳道使用多个大矩形框表示，矩形框顶部是对象名，该对象负责泳道内的全部活动，可以根据需求使用横向泳道和纵向泳道，如图 4-12 所示。

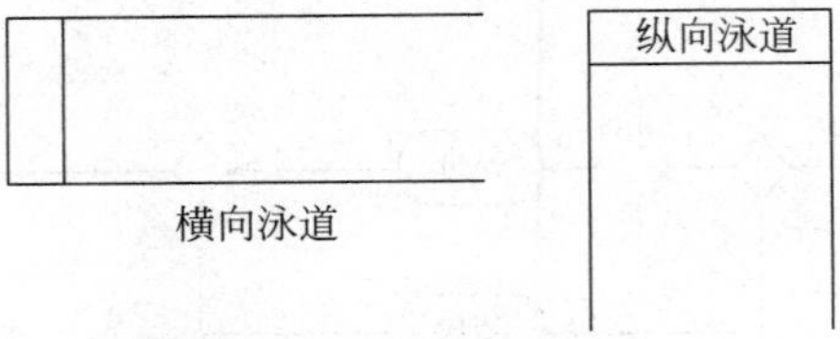

图 4-12 泳道表示方法

【例 4-1】 根据大学生手册，学生请假必须走下面的流程审批：学生填写请假条→辅导员审批→所在系学生科备案。

分析：在题目中有 3 个执行活动的对象，即学生、辅导员和学生科，他们可以分布在 3 个不同的泳道，每一名活动执行者在泳道中执行各自的活动，如图 4-13 所示。

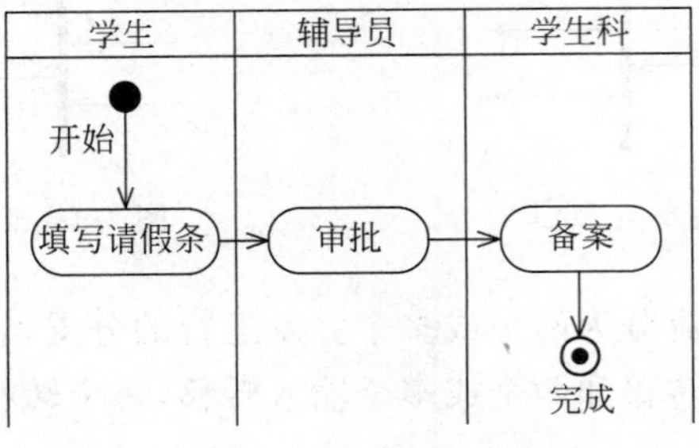

图 4-13 用活动图描述请假流程

4.3.2 绘制活动图的步骤

绘制 UML 活动图一般延用如图 4-14 所示的绘制步骤。

图 4-14 绘制 UML 活动图的步骤

(1) 定义活动图的范围。首先应该定义要对什么建模，是单个用户案例？一个用户案例的一部分？还是一个包含多个用户案例的商务流程？一旦定义了作图的范围，就应该在其顶部，用一个标注添加标签，指明该图的标题和唯一的标示符。

(2) 添加起始和结束点。每个活动图有一个起始点和结束点，因此可以马上添加它们。有时候一个活动只是一个简单的结束，如果是这种情况，指明其唯一的转变是到一个结束点也是无害的。

(3) 添加活动。如果你正对一个用户案例建模，对每个角色(Actor)所发出的主要步骤引入一个活动，如果正对一个高层的商务流程建模，对每个主要流程引入一个活动，通常为一个用户案例或用户案例包。最后，如果你正对一个方法建模，那么对此引入一个活动是很常见的。

(4) 添加活动间的转变。在每个活动结束时都应该转变到其他活动，即使它是转变到一个结束点，并对每个活动转变加以相应标示。在活动图中转变一般用→表示。图 4-15 表示从活动 1 转变到活动 2。

(5) 找出并行活动。当两个活动间没有直接的联系，而且它们都必须在第三个活动开始前结束，那它们是可以并行运行的。

【例 4-2】 大学新生报到流程如下，请用活动图描述。

(1) 填写报到单；

(2) 报到；

(3) 参加学校介绍；

(4) 安排寝室；

(5) 交费。

描述步骤如下。

(1) 定义活动图的范围。根据题目描述，填写报到单、报到、参加学校介绍、安排寝室、交费都是活动图的范围。

(2) 添加活动图的起点和终点。所有活动图都有起点和终点，在起点和终点之间定义活动，如图 4-16 所示。

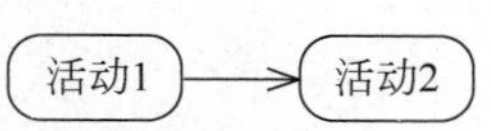

图 4-15 活动图的转变

图 4-16 编制起点与终点

(3) 添加活动。首先将题目中提到的活动都添加到活动图中。新生在填写报到单时可能会遇到困难,需要从学生志愿者或老师处寻求帮助,它也是一个可以体现动作的活动,它可以补充完善报道流程,如图 4-17 所示。

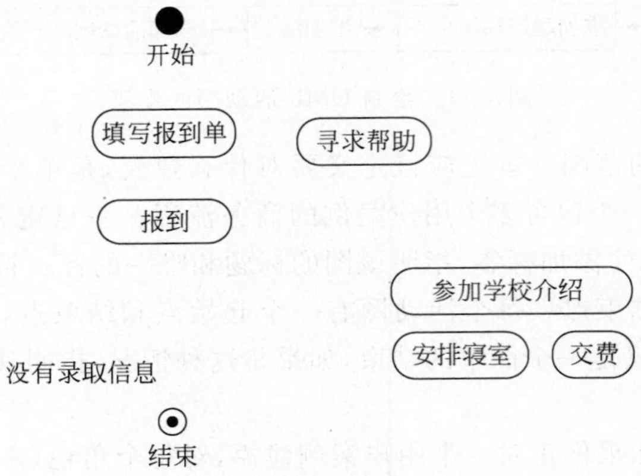

图 4-17　添加活动后的图形

(4) 添加活动的转变。活动的执行不是全部并行的,它们的执行顺序通常有先后顺序,根据题目描述首先要填写报到单,然后报到,完成报到后参加学校介绍、安排寝室及交费等活动。当然,学校工作人员从录取记录中查询是否有该学生的录取信息是必需的,如果没有则结束报道流程,虽然这是一个非正常流程,但在很多情况下是必需的,如图 4-18 所示。

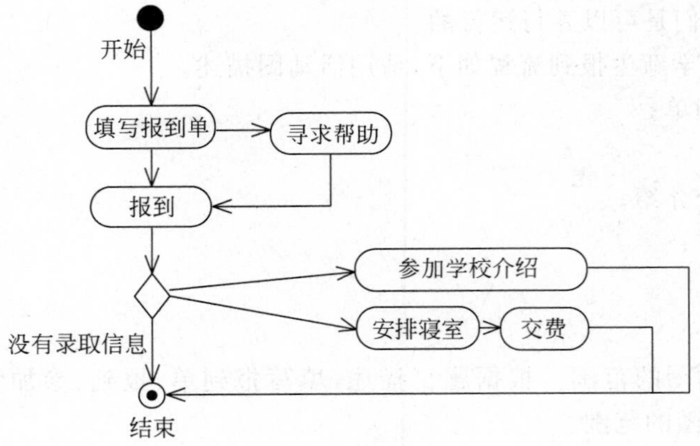

图 4-18　活动图示例

(5) 找出可并行活动。学生在完成报到后,需要完成"参加学校介绍"、"安排寝室"和"交费"等活动,它们可以并行完成,也可以串行完成,但必须在整个流程结束前完成。如果新生在老生的带领下一边介绍学校情况一边完成另外两个流程,那么用活动描述新生报到流程如图 4-19 所示。

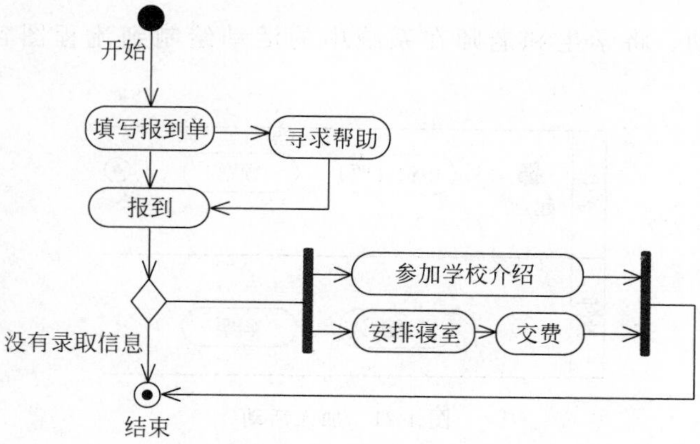

图 4-19 优化后的活动图

4.4 绘制火车票订购管理系统的业务流程图

4.4.1 确定系统用户角色和活动

根据 4.1 节的描述，在订购过程中，部分角色（二级院系学生科、辅导员）可以不参与，手工模式无法避免，从而增加了他们的工作量，在业务建模的过程中可以提出流程优化方案，以使工作过程更加简单。

最后，可以确定参与系统的角色有学生和学生处老师。通过优化，学生与学生处老师在系统中的订票流程如下：学生在系统中填写订票申请后去学生处老师处交订票预付款，老师在系统中录入学生的交款信息（学生在交完预付款后代表订票生效，称为订票确认），然后老师去火车站代购票，最后学生去老师处领取火车票。

4.4.2 编制优化后的业务流程图

（1）新建一个名为“火车票订购管理系统活动图”的 Activity 图（即活动图）。

（2）由于系统的参与者只有两个角色，即学生和学生处老师，那么在活动图需要有两个泳道，分别是“学生”和“教师”。

（3）添加起点和终点。由于系统业务流程起源于学生订票，结束于学生领票，那么起点和终点都结束于学生，如图 4-20 所示。

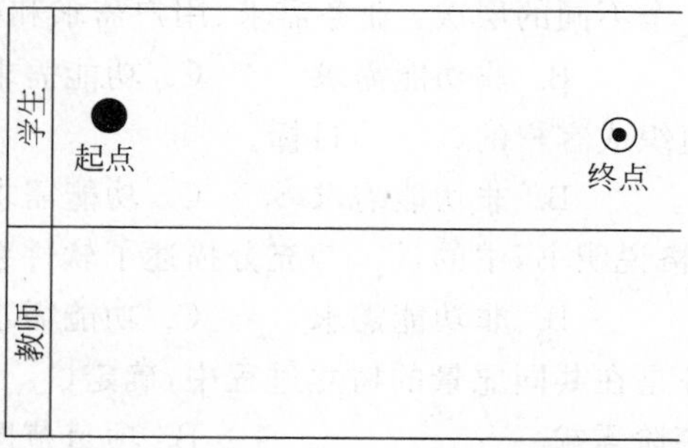

图 4-20 添加起点与终点

(4) 绘制活动。将学生和老师在系统中的活动绘制到流程图各自的泳道中，如图 4-21 所示。

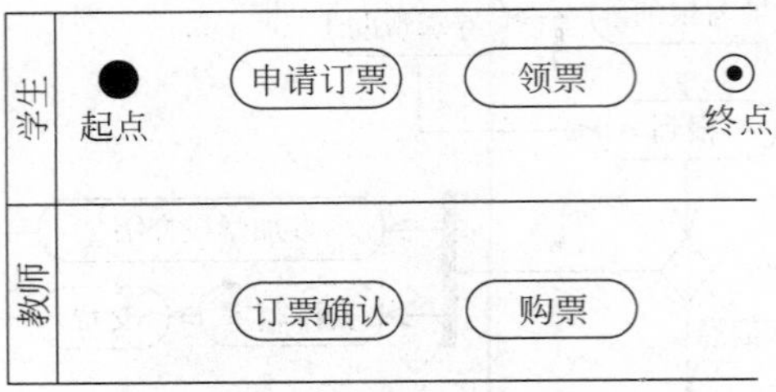

图 4-21 加入活动

(5) 添加活动间的转变。根据 4.3 节中的活动顺序添加活动间的转移后如图 4-22。

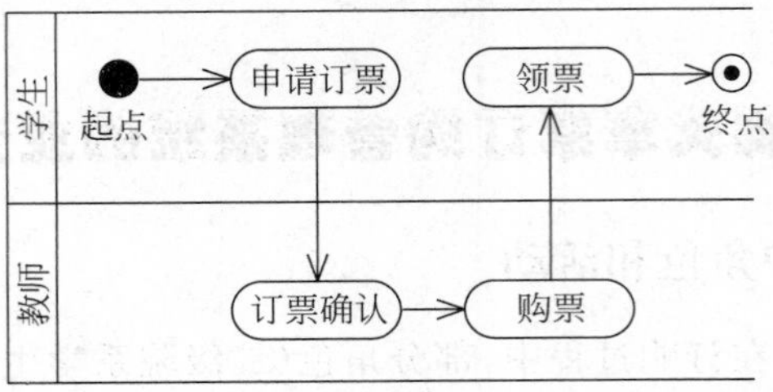

图 4-22 火车票订购管理系统的业务流程图

本章小结

本章介绍了火车票订购管理系统产生的背景及手工模式的用户需求，然后介绍了业务建模的相关理论及建模的工具，并对火车票订购管理系统进行业务建模，最后用活动图明确地定义了项目的范围和系统的业务流程。

习 题

1. 选择题

(1) 软件需求包括 3 个不同的层次：业务需求、用户需求和(　　)。

A. 界面需求　　B. 非功能需求　　C. 功能需求　　D. 数据库需求

(2) 业务需求描述组织或客户的(　　)目标。

A. 高层次　　B. 非功能需求　　C. 功能需求　　D. 用例

(3) 在《软件需求规格说明书》中的(　　)充分描述了软件系统所应具有的行为。

A. 高层次　　B. 非功能需求　　C. 功能需求　　D. 用例

(4) 建模的主要任务是在共同愿景的树立过程中，确定(　　)和(　　)。

A. 项目范围，高阶需求　　B. 项目范围，非功能需求

C. 项目范围,功能需求　　　　D. 项目范围,原型需求

(5) 下列答案中,(　　)不是活动图的元素。

A. 类　　B. 泳道　　C. 活动　　D. 合并

(6) 活动与活动之间的转换称为(　　)。

A. 变换　　B. 转移　　C. 活动　　D. 合并

(7) 在 UML 中,用(　　)表示活动。

A. 圆形　　B. 空心圆　　C. 圆角矩形　　D. 矩形

(8) (　　)将活动图划分为若干组,每一组指定给负责这组的活动执行者。

A. 泳道　　B. 转移　　C. 范围　　D. 矩形

(9) (　　)用于将一个控制流分为两个或多个并发运行的分支。

A. 合并　　B. 分叉　　C. 汇合　　D. 剥离

(10) (　　)代表两个或多个并发控制流同步发生,它将两个或多个并发控制流合并到一起形成一个单向控制流。

A. 合并　　B. 分叉　　C. 汇合　　D. 剥离

2. 问答题

(1) 业务建模的主要目的是什么?

(2) 业务建模的主要任务是什么?

(3) 请描述活动图中活动用什么符号表示,请简述活动的特点。

(4) 根据学校固定资产管理办法规定,由老师提出购买固定设备申请并填写《固定设备购买申请表》,经老师所在系部审批后由后勤处工作人员购买设备。请按照上面的描述绘制活动图。

(5) 根据大学生手册,学生请假必须走下面的流程审批:学生填写请假条→辅导员审批→请假 2 天(含)以内由所在系部学生科审批,超过 2 天由学校学生处审批,然后,请假条交系部学生科存档。请按照上面的描述绘制活动图。

(6) 顾客购买商品的过程是"顾客选择商品→顾客将选择好的商品打包付款→顾客购买结束",请绘制活动图。

(7) 要求利用活动图实现"图书管理系统删除读者业务"建模,步骤如下。

① 管理员在录入界面,输入待删除的读者名;

② "业务逻辑"组件在数据库中,查找待删除的读者名;

③ 如果不存在,则显示出错信息,返回步骤①,如果存在则继续;

④ "业务逻辑"组件判断"待删除读者"是否可以删除;

⑤ 如果不可以,则显示出错信息,跳到步骤⑧,如果可以则继续;

⑥ 在数据库中,删除相关信息;

⑦ 显示删除成功信息;

⑧ 结束。

第5章 需求分析

本章任务

制作用例规约。

知识目标

(1) 了解用例法与传统需求表达方式的区别。

(2) 了解用例建模的概念及步骤。

(3) 掌握用例图。

能力目标

(1) 能找出系统的参与者。

(2) 能识别参与者的用例。

(3) 能使用用例规约描述用例。

任务描述

学习用例图的概念及绘制方法，在业务建模的基础上捕捉参与者，为每个系统的参与者确定用例，完成系统总体用例图及角色用例图，在老师的指导下完成特定用例的描述，并制作用例需求规约，为后续的分析、设计做好准备工作。

5.1 概 述

5.1.1 用户需求

用户需求描述用户需求产品必须要完成什么任务，通常是在问题定义的基础上进行用户访谈、调查，对用户使用的场景进行整理，从而从用户角度建立的需求。用户需求必须能够体现软件系统将给用户带来的业务价值，或用户要求系统必须能完成的任务，也就是说用户需求描述了用户能使用系统来做些什么(What)，这个层次的需求是非常重要的。另外，用例和用例规约都是表达用户需求的有效途径。

在调研用户需求时，重心应该转移到如何收集用户的需求上，即确定角色和角色的用例。这方面的工作通常是很困难的，因为很多需求是隐性的、不易被发现，同时需求又是易变的，所以很难获取，更难保证需求完整性。

5.1.2 功能需求

系统分析员根据用户需求描述开发人员在产品中实现的软件功能叫功能需求。功能需求是需求的主体，它描述的是开发人员如何设计具体的解决方案来实现这些需求（How），其数量往往比用户需求高一个数量级。这些需求记录在软件需求规格说明（Software Requirements Specification，SRS）中。SRS 完整地描述了软件系统的预期特性，它包含需求信息的数据库或电子表格；或者是存储在商业需求管理工具中的信息；而对于小型项目，甚至可能是一沓索引卡片。开发、测试、质量保证、项目管理和其他相关的项目功能都要用到 SRS。在 RUP 软件开发模型中，《用例规约》是 SRS 的重要组成部分。

产品特性（Feature）是指一组逻辑上相关的功能需求，它们为用户提供某项功能，使业务目标得以满足，如果完成了整个系统中的所有特性，那么这个软件就完成了，这就是比较流行的特性驱动开发（Feature Driven Development，FDD）。对商业软件而言，特性则是一组能被客户识别，并帮助他决定是否购买的需求，也就是产品说明书中用着重号标明的部分。客户希望得到的产品特性和用户的任务相关的需求不完全是一回事。一项特性可以包括多个用例，每个用例又要求实现多项功能需求，以便用户能够执行某项任务。

功能需求除了来自于用户需求，还来自于其他几方面需求。

（1）系统需求。用于描述包含多个子系统的产品（即系统）的顶级需求，它是从系统实现的角度描述的需求，有时还需要考虑相关的硬件、环境方面的需求。

（2）业务规则。业务规划本身并非软件需求，因为它们不属于任何特定软件系统的范围。然而，业务规则常常会限制谁能够执行某些特定用例，或者规定系统为符合相关规则必须实现某些特定功能。它包括企业方针、政府条例、工业标准、会计准则和计算方法等。有时，功能中特定的质量属性（通过功能实现）也源于业务规则。所以，在对某些功能需求进行追溯时，会发现其来源正是一条特定的业务规则。

（3）质量属性。产品必须具备的属性或品质。系统的质量属性包括可用性、可修改、性能、安全性、可测试行、易用性等。

（4）约束。约束也称为限制条件、补充规约，通常是对解决方案的一些约束的说明。

5.1.3 需求表达方式

1. 功能层次图

功能层次图是传统的需求表述方式之一，在这种表述方式中，系统功能被分解到各个系统功能模块中，可以通过描述细分的系统模块的功能来达到描述整个系统功能的目的。一个典型的软件功能需求如图 5-1 所示。

采用这种方法来描述系统需求，非常容易混淆需求和设计的界限，这样的表述实际上已经包含了部分的设计在内。由此常常导致这样的迷惑：系统需求应该详细到何种程度？一个极端就是需求可以详细到概要设计，因为这样的需求表述既包含了外部需求，也包含了内部设计。在有些公司的开发流程中，这种需求被称为“内部需求”，而对应于用户

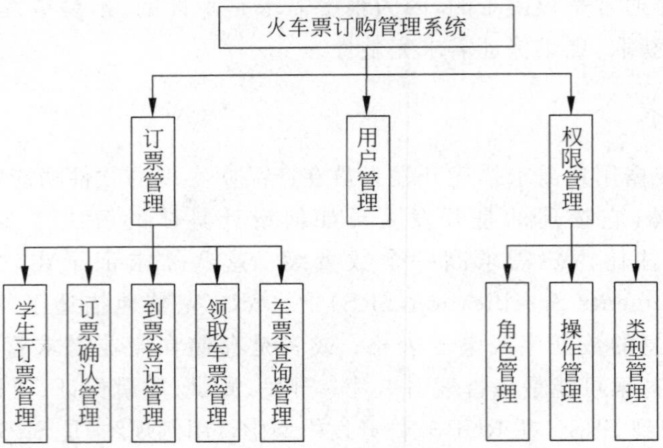

图 5-1 传统软件功能需求表示方式

的原始要求则被称之为“外部需求”。

功能分解方法的另一个缺点是，这种方法分割了各项系统功能的应用环境，从各项功能项入手，很难了解到这些功能项是如何相互关联来实现一个完成的系统服务的。所以在传统的需求规格说明书（SRS）文档中，往往需要另外一些章节来描述系统的整体结构及各部分之间的相互关联，这些内容使得 SRS 需求更像是一个设计文档。

2. 用例法

用例是参与者发起的，与系统对话陈述序列。每个用例包含一个系统在作业时与用户或与其他系统之间交换信息的场景。在描述用例时应该尽量避免使用软件专业术语，而尽量使用顾客、用户或他们的专家的语言，并且由软件开发者和顾客一起完成。

在 20 世纪 90 年代，用例很快地成为记录需求分析的最主要的方式，它在面向对象的程序设计中普及性非常高。其实，用例不仅可以用在面向对象的程序设计系统中，实际上用例本身并非面向对象的。每个用例集中于描写如何来完成一个作业目标或任务。对传统的软件工程来说，每个用例描写系统的一个特点。对大多数软件项目来说，一个新的系统有多个（往往十几个）用例。不同的软件项目的格式或项目的进展都可能影响用例的细节性。

用例描述系统在运行时与外部执行者之间的信息交换。外部执行者是任何系统外的、与系统交换信息的物件或人物。它们可以是用户、用户的角色或其他系统。图 5-2 是一个用例图，系统管理员是参与者，用户管理和权限管理是两个用例。

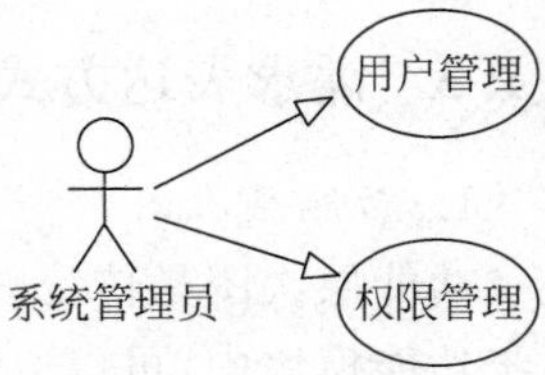

图 5-2 用例图

用例将系统当做一个“黑匣子”，它从外部来看与系统之间的信息交换（包括系统的回答）。这样它简化对系统的需求的描写而且防止对系统的工作方式作任何过早的假设。

每个用例应该符合下述条件。

（1）描写完成业务目标的用户任务。

（2）不包含任何代码。

(3) 有一定的细致性。

(4) 语句足够短。

用例具有以下特征。

(1) 驱动性。用例总是被参与者直接或间接地驱动,是通过参与者指示系统去执行的操作。

(2) 价值性。所谓价值性是指能够为使用该系统提供最大的价值,而提供负面价值或允许用户做不能够做的事的用例不是真正的用例。

(3) 有值性。用例向参与者返回有价值的值,这些值是可以被识别的。

(4) 完整性。用例必须是一个完整的动作序列描述。

(5) 目标性。用例用于完成系统的某一特定目标,该目标的完成表明系统达到了预定的功能要求。

5.1.4 用例建模的步骤

使用用例的方法来描述系统的功能需求的过程就是用例建模,用例模型主要包括以下两部分内容。

用例图(Use Case Diagram)确定系统中所包含的参与者、用例和两者之间的对应关系,用例图描述的是关于系统功能的一个概述。

用例规约针对每一个用例都应该有一个用例规约文档与之相对应,该文档描述用例的细节内容。

在用例建模的过程中,首先找出参与者,再根据参与者确定每个参与者相关的用例,最后再细化每一个用例的用例规约,如图 5-3 所示。

图 5-3 用例建模的步骤

1. 寻找参与者

所谓参与者是指所有存在于系统外部并与系统进行交互的人或其他系统。通俗地讲,参与者就是所要定义系统的使用者,寻找参与者可以从以下问题入手。

(1) 在系统开发完成之后,有哪些人会使用这个系统?

(2) 系统需要从哪些人或其他系统中获得数据?

(3) 系统会为哪些人或其他系统提供数据?

(4) 系统会与哪些其他系统相关联?

(5) 系统是由谁来维护和管理的?

这些问题有助于提炼出系统的参与者。对于 ATM 的例子,回答这些问题可以使人们找到更多的参与者:操作员负责维护和管理 ATM 系统,ATM 也需要与后台服务器进行通信以获得有关用户账号的相关信息,如图 5-4 所示。

参与者是由系统的边界所决定的,如果所要定义的系统边界仅限于 ATM 本身,那么后台服务器就是一个外部的系统,可以抽象为一个参与者,如图 5-5 所示。

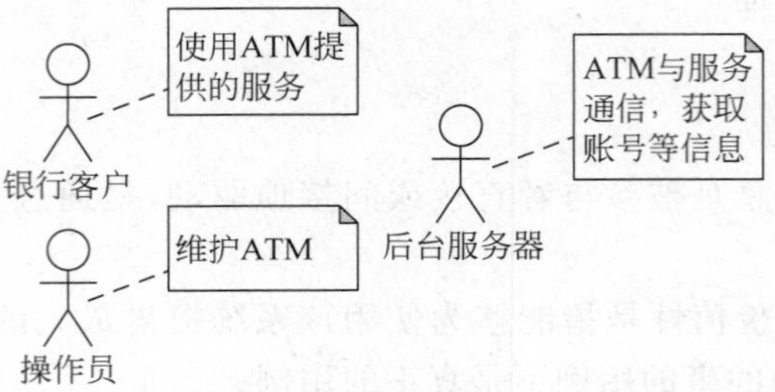

图 5-4 ATM 的参与者

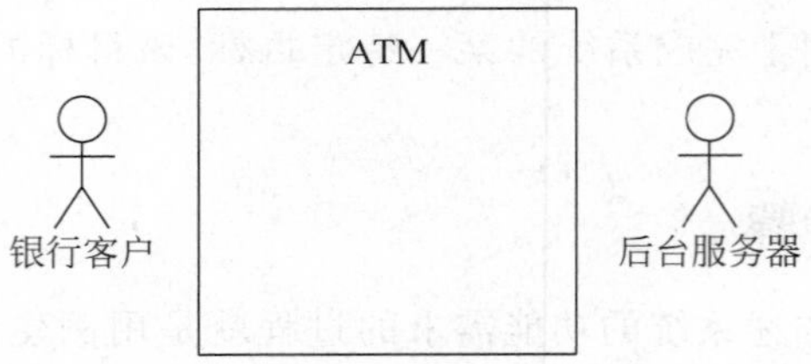

图 5-5 后台服务器与参与者

如果所要定义的系统边界扩大至整个银行系统，ATM 和后台服务器都是整个银行系统的一部分，这时候后台服务器就不再被抽象成为一个参与者，如图 5-6 所示。

值得注意的是，用例建模时不要将一些系统的组成结构作为参与者来进行抽象，如在 ATM 系统中，打印机只是系统的一个组成部分，不应将它抽象成一个独立的参与者；在一个 MIS 管理系统中，数据库系统往往只作为系统的一个组成部分，一般不将其单独抽象成一个参与者。

有时候需要在系统内部定时地执行一些操作，如检测系统资源使用情况、定期地生成统计报表等。从表面上看，这些操作并不是由外部的人或系统触发的，应该怎样用用例方法来表述这一类功能需求呢？对于这种情况，可以抽象出一个系统时钟或定时器参与者，利用该参与者来触发这一类定时操作。从逻辑上，这一参与者应该被理解成是系统外部的，由它来触发系统所提供的用例对话，如图 5-7 所示。

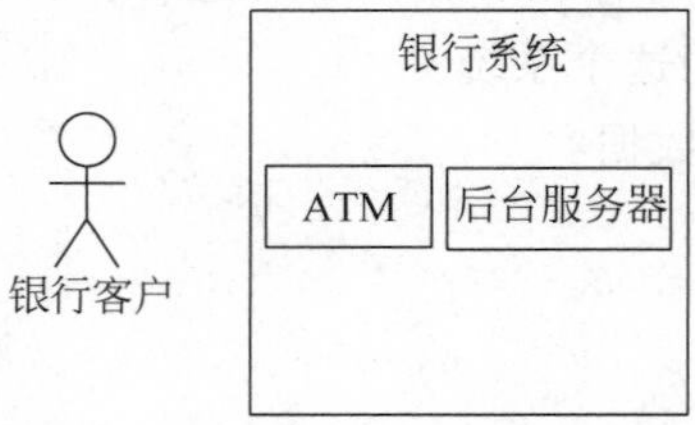

图 5-6 ATM 扩展后的系统边界

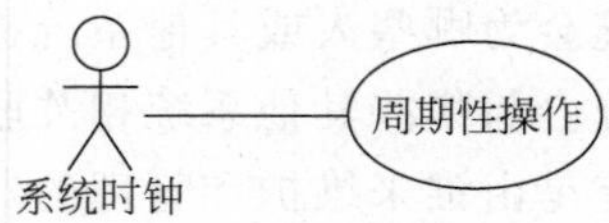

图 5-7 系统时钟成为参与者

2. 确定用例

通常参与者有自己的目标，参与者为了一定的目的使用系统，他通过与系统的交互达到目标。所以，系统是由一系列目标组成的，为了达到这些目标就要完成一系列动作，这一系列动作构成一个场景(即目标)，该目标的完成表现为系统要实现的一个用例，可将该目标转化成用例。

那么，如何寻找用例呢？寻找用例可以从以下问题入手(针对每一个参与者)。

(1) 参与者为什么要使用该系统？

(2) 参与者是否会在系统中创建、修改、删除、访问、存储数据？如果是的话，参与者又是如何来完成这些操作的？

(3) 参与者是否会将外部的某些事件通知给该系统？

(4) 系统是否会将内部的某些事件通知该参与者？

综合以上所述，ATM系统的总体用例图如图5-8所示。

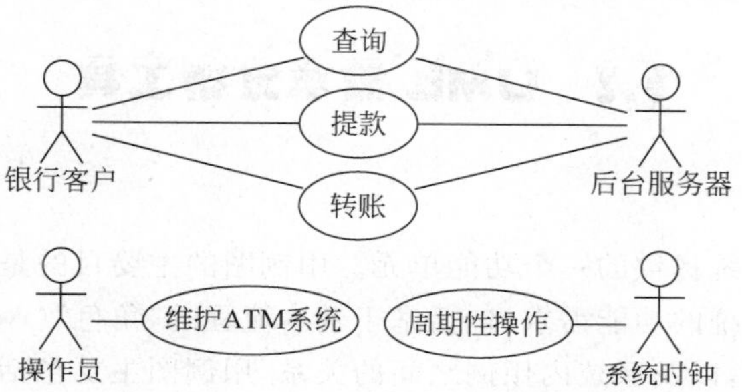

图5-8 ATM总体用例图

在用例的抽取过程中，特别要注意的是，用例必须是由某一个主角触发而产生的活动，即每个用例至少应该涉及一个主角。如果存在与主角不进行交互的用例，就可以考虑将其并入其他用例；或者是检查该用例相对应的参与者是否被遗漏，如果是，则补上该参与者。反之，每个参与者也必须至少涉及一个用例，如果发现有不与任何用例相关联的参与者存在，就应该考虑该参与者是如何与系统发生对话的，或者由参与者确定一个新的用例，或者该参与者是一个多余的模型元素，应该将其删除。

可视化建模的主要目的之一就是要增强团队的沟通，用例模型必须是易于理解的。用例建模往往是一个团队开发的过程，系统分析员在建模过程中必须注意参与者和用例的名称应该符合一定的命名约定，这样整个用例模型才能够符合一定的风格。如参与者的名称一般都是名词，用例名称一般都是动宾词组等。

对于同一个系统，不同的人对于参与者和用例都可能有不同的抽象结果，因而得到不同的用例模型。因此需要在多个用例模型方案中选择一种“最佳”(或“较佳”)的结果，一个好的用例模型应该能够容易被不同的涉众所理解，并且不同的涉众对于同一用例模型的理解应该是一致的。

3. 细化用例规约

应该避免这样一种误解：认为由参与者和用例构成的用例图就是用例模型，用例图只是在总体上大致描述了系统所能提供的各种服务，让人们对于系统的功能有一个总体的认识。除此之外，还需要描述每一个用例的详细信息，这些信息包含在用例规约中，用例模型是由用例图和每一个用例的详细描述(即用例规约)所组成的。RUP中提供了用例规约的模板，每一个用例的用例规约都应该包含简要说明、事件流、基本流和备选流等说明，事件流应该表示出所有的场景，如用例场景、特殊需求、前置条件和后置条件。

用例规约基本上是用文本方式来表述的，为了更加清晰地描述事件流，也可以选择使用状态图、活动图或序列图来辅助说明。只要有助于表达得简洁明了，就可以在用例中任意粘贴用户界面和流程的图形化显示方式，或是其他图形。如活动图有助于描述复杂的决策流程，状态转移图有助于描述与状态相关的系统行为，序列图适合于描述基于时间顺序的消息传递。

在通常情况下，使用文字说明和活动图来描述用例就足够了，如果还不能清楚地描述需求，还可以借助其他 UML 工具进行辅助说明。

5.2 UML 需求分析工具

5.2.1 用例图

用例图描述了系统提供的一个功能单元。用例图的主要目的是帮助开发团队以一种可视化的方式理解系统的功能需求，包括基于基本流程的“角色”(Actors)，即与系统交互的其他实体之间关系，以及系统内用例之间的关系，用例图主要包括参与者和用例。

1. 参与者

参与者不是特指人，是指系统以外的，在使用系统或与系统交互中所扮演的角色。因此参与者可以是人，可以是事物，也可以是时间或其他系统等。还有一点要注意的是，参与者不是指人或事物本身，而是表示人或事物当时所扮演的角色。例如，小明是图书馆的管理员，他参与图书馆管理系统的交互，这时他既可以作为管理员这个角色参与管理，也可以作为借书者向图书馆借书，在这里小明扮演了两个角色，是两个不同的参与者。参与者在画图中用简笔人物画来表示，人物下面附上参与者的名称，如图 5-9 所示。

参与者之间也不是相互独立的，在图书馆管理系统中的两个角色，即管理员和借书者，他们都可以使用系统，所以他们都是系统用户，他们不但拥有系统用户的特征，而且可以有自己独有的行为，这种现象在 UML 中称为“继承”或“泛化”，可以用图 5-10 来表示。

图 5-9 参与者示意图

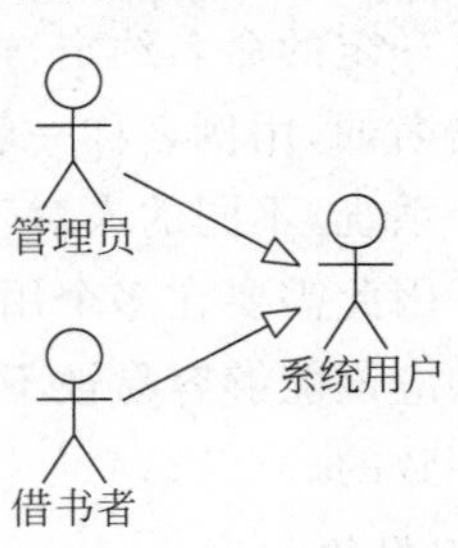

图 5-10 参与者继承示意图

2. 用例

用例是某个参与者(Actor)要做的一件事，用例具有下列特征。

(1) 用例是相对独立的，这意味着它不需要与其他用例交互而独自完成参与者的目的，也就是说这件事从“功能”上说是完备的。而用例之间的关系是分析过程的产物，而且这种关系一般在概念层用例阶段或系统层用例阶段产生。

(2) 用例的执行结果对参与者来说是可观测和有意义的。例如，系统会监控参与者在系统里的操作，并在参与者删除数据之前备份。虽然它是系统的一个必需组成部分，但它在需求阶段却不应该作为用例出现。因为这是一个后台进程，对参与者来说是不可观测的，它应该在系统用例分析阶段定义。

(3) 用例必须由一个参与者发起。不存在没有参与者的用例，用例不应该自动启动，也不应该主动启动另一个用例，用例总是由一个参与者发起，并且满足特征(2)。例如，从 ATM 取钱是一个有效的用例，ATM 吐钞却不是，因为 ATM 是不会无缘无故吐钞的。

(4) 用例必然是以动宾短语形式出现的，即这件事必须有一个动作和动作的受体。例如，喝水是一个有效的用例，而“喝”和“水”却不是。虽然根据生活常识可知，在没有水的情况下人是不会做出喝这个动作的，水也必然是喝进去的，而不是滑进去的，那么用“计算”、“统计”、“报表”、“输出”等字眼不是合格的用例名称。

要在用例图上显示某个用例，可绘制一个椭圆，然后将用例的名称放在椭圆的中心或椭圆下面的中间位置。用例图的符号如图 5-11 所示。

角色与用例之间必须有联系，它代表角色可以使用(或发起)这个用例。它们之间的关系使用简单的线段来描述，如图 5-12 所示。

图 5-11 用例图

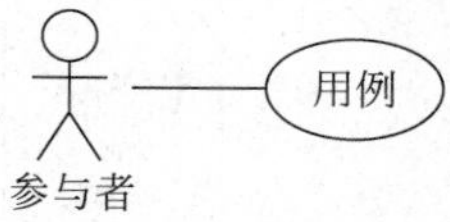

图 5-12 参与者发起用例

通常使用用例图表达系统或者系统范畴的高级功能，即表达系统的总体用例，如图 5-13 所示。可以很容易看出该系统所提供的功能，这个系统允许学生申请订票，在学生交纳定金后即使订票信息正式生效后，教师可以为其购买火车票，在购买火车票后将对应的火车票信息状态改为“已购票”，即完成到票登录，最后学生可以到教师处领票，即学生领票。

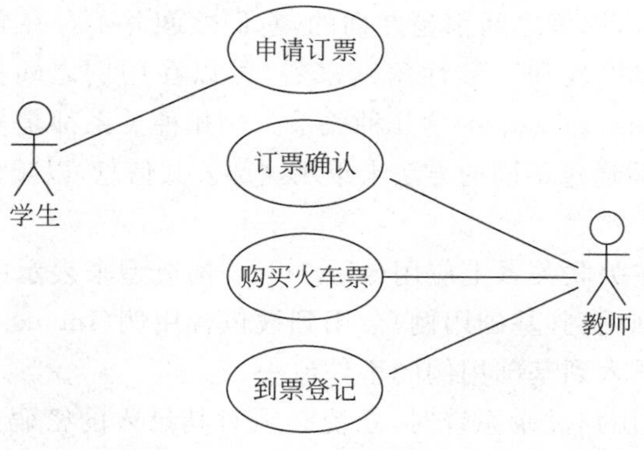

图 5-13 火车票订购管理系统总体用例图

此外，在用例图中，没有列出的用例表明了该系统将不会完成的功能。例如，它不能提供管理员的功能，也就是说，系统没有引用"管理员权限管理功能"的用例，这种缺失不是一件小事。如果在用例图中提供清楚的、简要的用例描述，项目赞助商就可以很容易看出系统是否提供了必需的功能。

3. 边界

边界是用于划分系统与其他系统，特别是相邻系统关系的一种方法，边界应该能说明哪些元素是属于本系统的，哪些元素不是本系统的，是属于系统外部环境的，边界的划分除了能界定本系统的元素外，还应能界定与表示本系统对外的输入与输出，即本系统与环境的关系。

在 UML 中，系统边界是用来表示正在建模系统的边界，边界内表示系统的组成部分，边界外表示系统外部。系统边界在画图中方框来表示，同时附上系统的名称，参与者画在边界的外面，用例画在边界里面，当系统边界的作用不是很明显时可以被省略。图 5-14 是火车票订购管理系统的边界示意图。

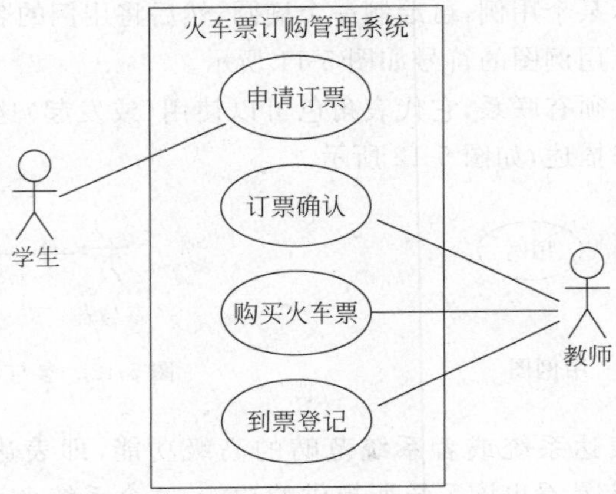

图 5-14　火车票订购管理系统边界示意图

4. 用例之间的关系

用例描述的是系统外部可见的行为，是系统为某一个或几个参与者提供的一段完整的服务。从原则上来讲，用例之间都是并列的，它们之间并不存在着包含从属关系。但是从保证用例模型的可维护性和一致性角度来看，可以在用例之间抽象出包含(Include)、扩展(Extend)和泛化(Generalization)这几种关系。这几种关系都是从现有的用例中抽取出公共的那部分信息，然后通过不同的方法来重用这部分公共信息，以减少模型维护的工作量。

(1) 包含

包含关系是通过在关联关系上应用≪include≫构造型来表示的，如图 5-15 所示。它所表示的语义是指基础用例(基础用例)会用到被包含用例(Inclusion)，具体地讲，就是将被包含用例的事件流插入到基础用例的事件流中。

【例 5-1】 当系统用户登录系统时，系统必须对其录入的密码进行验证，当系统用户修改密码时也必须对旧密码进行验证，登录和修改密码这两个用户都使用到了"验证密

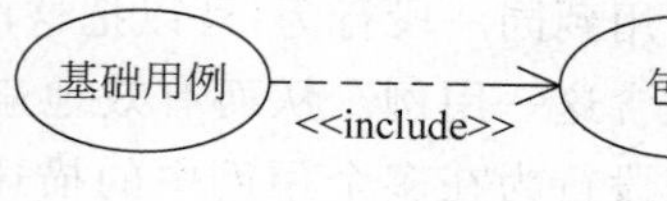

图 5-15 包含示意图

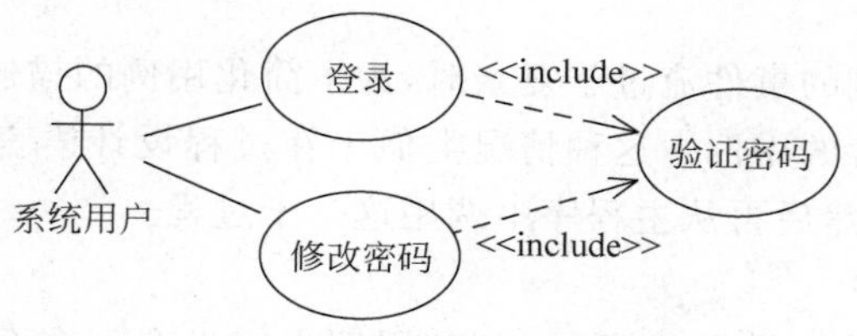

图 5-16 包含用例示意图

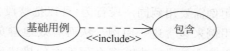

码”用例，此时也就可以将“验证密码”用例独立出来，表示方法如图 5-16 所示。

【例 5-2】 在 ATM 中，如果查询、取现、转账这 3 个用例都需要打印一个回执给客户，就可以把打印回执这一部分内容提取出来，抽象成为一个单独的用例“打印回执”，而原有的查询、取现、转账 3 个用例都会包含这个用例。每当以后要对打印回执部分的需求进行修改时，就只需要改动一个用例，而不用在每一个用例都作相应修改，这样就提高了用例模型的可维护性，如图 5-17 所示。

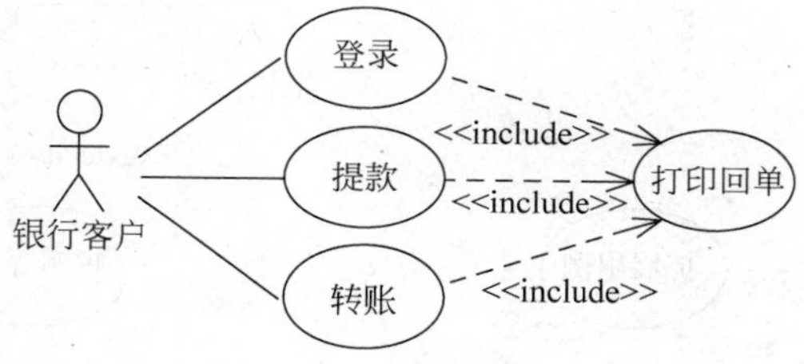

图 5-17 包含用例示意图

为了更清晰地描述包含与被包含关系，在描述用例的基本事件流中，只需引用被包含用例即可，如用例基本流描述的第⑧步。

用例名称：查询账户余额 基本流： ① 用户插入信用卡； ② 系统读取信用卡信息； ③ 用户输入密码； ④ 系统验证密码合法性； ⑤ 用户选择查询； ⑥ 系统查询账号余额； ⑦ 用户查看账号余额； ⑧ 包含用例“打印回执”； ⑨ 退出系统，用户取回信用卡。

在这个例子中，多个用例需要用到同一段行为，可以把这段共同的行为单独抽象成为一个用例，然后让其他的用例来包含这一用例。从而有效地避免了在多个用例中重复性地描述同一段行为，也可以防止该段行为在多个用例中的描述出现不一致性。当需要修改这段公共的需求时，也只需要修改一个用例，避免同时修改多个用例而产生的不一致性和重复性工作。

有时当某一个用例的事件流过于复杂时，为了简化用例的描述，也可以把某一段事件流抽象成为一个被包含的用例。这种情况类似于在过程设计语言中，将程序的某一段算法封装成一个子过程，然后再从主程序中调用这一子过程。

(2) 扩展(Extend)

扩展(Extend)关系如图 5-18 所示，基础用例中定义有一个至多个已命名的扩展点，扩展关系是指将扩展用例(Extension)的事件流在一定的条件下按照相应的扩展点插入到基础用例中。

对于包含关系而言，子用例中的事件流是必然被插入到基础用例中去的(也就是说，没有子用例，基础用例就无法工作)，并且插入点只有一个。而扩展关系可以根据一定的条件来决定是否将扩展用例的事件流插入基础用例事件流(也就是说，扩展用例是否存在并不影响基础用例的执行)，并且插入点可以有多个。

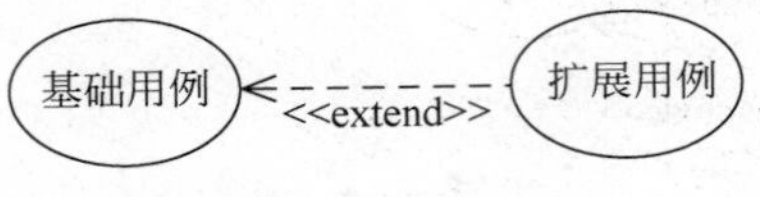

图 5-18　扩展用例示意图

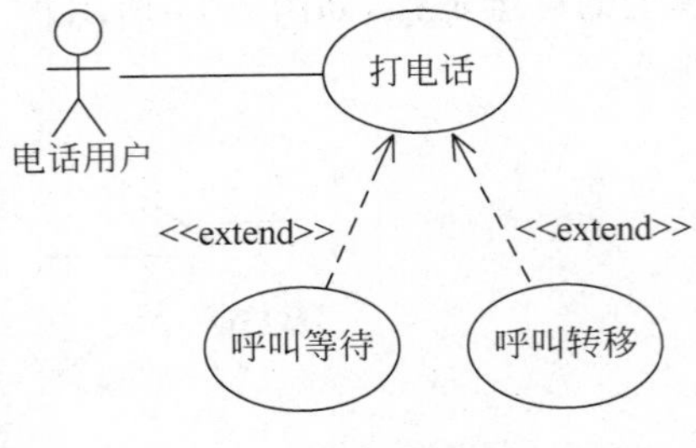

图 5-19　扩展打电话业务

【例 5-3】 对于电话业务，可以在打电话业务上扩展出一些增值业务如：呼叫等待和呼叫转移，而这两个用例在打电话过程中并不一定会被使用。可以用扩展关系将这些业务的用例模型描述如图 5-19 所示。

也可以将打电话用例按下面的文字进行描述。

用例名称：打电话 基本流： ① 用户拨号。 ② 建立通话链路。 ③ 通话。 ③ 挂机。 扩展点： “增值业务”扩展点在基本流步骤①扩展出来	用例名称：呼叫等待 该用例在“增值业务”扩展点上扩展出来，它扩展了打电话用例。 基本流： 如果应答方正忙，系统用铃声提示应答方并保持拨号呼叫	用例名称：呼叫转移 该用例在“增值业务”扩展点上扩展出来，它扩展了打电话用例。 基本流： 如果应答方无应答，按应答方设置的方式转移呼叫

在这个例子中，呼叫等待和呼叫转移都是对基本通话用例的扩展，但是这两个用例只有在一定的条件下（如应答方正忙或应答方无应答）才会将被扩展用例的事件流嵌入基本通话用例的扩展点，并重用基本通话用例中的事件流。

值得注意的是，扩展用例的事件流往往也可抽象为基础用例的备选流，如上例中的呼叫等待和呼叫转移都可以作为基本通话用例的备选流而存在。但是基本通话用例已经是一个很复杂的用例了，选用扩展关系将增值业务抽象成为单独的用例可以避免基础用例过于复杂，并且把一些可选的操作独立封装在另外的用例中。

(3) 泛化(Generalization)

泛化又称为继承，当多个用例共同拥有一种类似的结构和行为的时候，可以将它们的共性抽象成为父用例，其他的用例作为泛化关系中的子用例。在用例的泛化关系中，子用例是父用例的一种特殊形式，子用例继承了父用例所有的结构、行为和关系。在实际应用中很少使用泛化关系，子用例中的特殊行为都可以作为父用例中的备选流存在。用例和角色的泛化如图5-20所示。

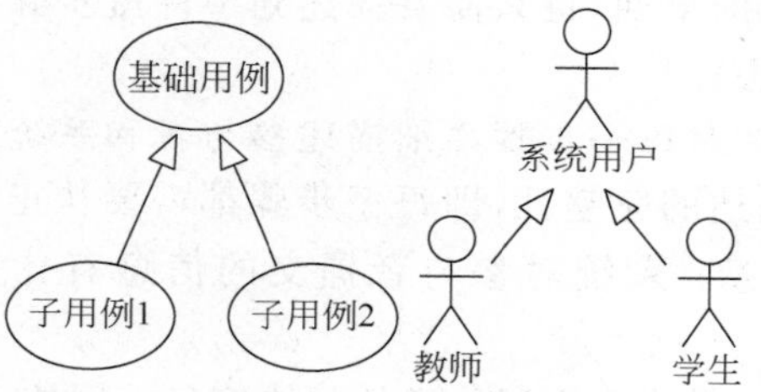

图5-20 泛化示意图

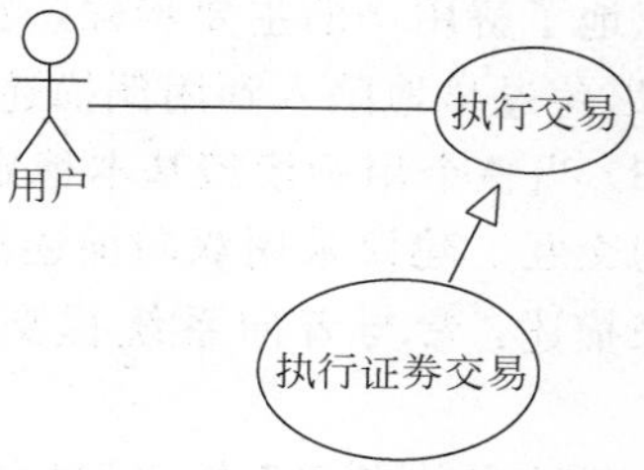

图5-21 执行交易泛化实例

【例5-4】 执行交易是一种交易抽象，执行证券交易是一种特殊的交易形式，用例图如图5-21所示。

用例泛化关系中的事件流如下。

用例名称：执行交易 基本流： ① 用户登录。 ② 系统验证用户身份。 ③ 用户选择交易。 ④ 系统展示交易类型。 ⑤ 用户选择交易类型。 ⑥ 系统展示用户的可用账号。 ⑦ 用户选择账号。 ⑧ 系统执行交易。 ⑨ 系统显示交易结果。	用例名称：执行证券交易 该用户是执行交易用例的一个子用例。 基本流： ① 用户登录。 ② 系统验证用户身份。 ③ 用户选择交易。 ④ 系统展示交易类型。 ⑤ 用户选择交易类型。 ⑥ 系统展示用户的可用账号。 ⑦ 用户选择账号。 ⑧ 系统执行交易，根据用户选择的交易类型，系统分别执行定价买入、定价卖出…… ⑨ 系统显示交易结果，除父用例中的操作步骤外，系统计算该用户的账号平衡情况。

5.2.2 用例规约

用例图是立足用户场景的描述，为具体的需求提供了上下文信息，是用户与开发人员沟通的纽带。用例图只能使它的读者快速、大概地了解整个系统的需求，并不能准确、详尽地表达用户场景，为了弥补用例图的不足，必须引用另外的工件来进一步细化，它叫作《用例规约》。《用例规约》基本是用文本方式来表述的，为了更加清晰地描述事件流，也可以选择使用状态图、活动图或序列图来辅助说明。

《用例规约》一般包含下面的内容。

1. 基本流

基本流描述的是该用例最正常的一种场景，在基本流中系统执行一系列活动步骤来响应参与者提出的服务请求。建议用以下格式来描述基本流。

(1) 每一个步骤都需要用数字编号以清楚地标明步骤的先后顺序。

(2) 用一句简短的标题来概括每一步骤的主要内容，这样阅读者可以通过浏览标题来快速地了解用例的主要步骤。在用例建模的早期，也只需要描述到事件流步骤标题这一层，以免过早地陷入到用例描述的细节中去。

(3) 当整个用例模型基本稳定之后，再针对每一步骤详细描述参与者和系统之间所发生的交互。建议采用双向描述法来保证描述的完整性，即每一步骤都需要从正反两个方面来描述：参与者向系统提交了什么信息；系统对参与者提交的信息有什么样的响应。

在描述参与者和系统之间的信息交换时，需指出来回传递的具体信息。例如，只表述参与者输入了客户信息就不够明确，最好明确地说参与者输入了客户姓名和地址。通常可以利用词汇表让用例的复杂性保持在可控范围内，可以在词汇表中定义客户信息等内容，使用例不至于陷入过多的细节。

【例 5-5】 火车票订购管理系统中申请订票用例的基本流如下。

> 用例名称：申请订票
>
> 在火车票订购管理系统中，申请订票是整个系统工作流程的第一步，它提供学生在线提交订票信息，当火车票订购管理人员得到这些订票信息后才能进行下一步的工作安排。
>
> 参与者：学生。
>
> 基本流：
>
> (1) 参与者申请订票。
>
> (2) 系统展示申请订票界面。
>
> (3) 参与者填写火车票预订信息(包括学号(学号只能是长度为 9 位的数字)、姓名(不允许出现数字或特殊字符)、联系方式(数字，最大长度为 13)、预订日期(日期格式：如 2010-05-25)、目的地(只允许汉字)、车次(由字母和数字组成且最大长度为 5 位)、车票张数(只能为数字)、是否服从调配)。
>
> (4) 参与者请求提交预订火车票信息。
>
> (5) 系统保存预订火车票信息。

除了使用文本化方式描述用例外，还可以使用活动图描述用例，如图 5-22 所示。

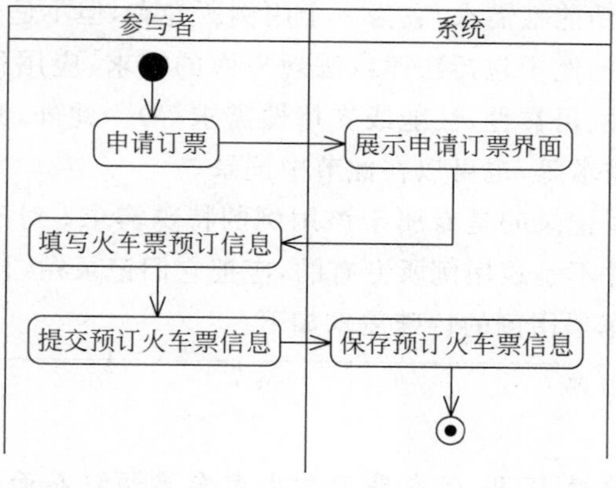

图 5-22 使用活动图描述用例事件流

2. 备选流

备选流负责描述用例执行过程中异常的或偶尔发生的一些情况，备选流和基本流的组合应该能够覆盖该用例所有可能发生的场景。在描述备选流时，应该包括以下几个要素。

(1) 起点：该备选流从事件流的哪一步开始。

(2) 条件：在什么条件下会触发该备选流。

(3) 动作：系统在该备选流下会采取哪些动作。

(4) 恢复：在该备选流结束之后，该用例应如何继续执行。

备选流的描述格式可以与基本流的格式一致，也需要编号并以标题概述其内容，编号前可以加以字母前缀 A(Alternative)以示与基本流步骤相区别。

【例 5-6】 预订火车票用例的备选流如下。

用例名称：申请订票 在火车票订购管理系统中，申请订票是整个系统工作流程的第一步，它提供学生在线提交订票信息，当火车票订购管理人员得到这些订票信息后才能进行下一步的工作安排。 参与者：学生。 备选流： (1) 参与者申请订票。 (2) 系统读取登录用户基本信息(如果学生信息库可用，读取学号、姓名、电话)。 (3) 系统展示学生火车票预订界面(并显示登录用户的学号，姓名和电话)。 (4) 参与者填写火车票预订信息(包括预订日期(日期格式：如 2010-05-25)、目的地(只允许汉字)、车次(由字母和数字组成且最大长度为 5 位)、车票张数(只能为数字)、是否服从调配)。 (5) 参与者请求提交预订火车票信息。 (6) 系统保存提交的信息。

3. 特殊需求

特殊需求通常是非功能性需求，它为一个用例所专有，但不适合在用例的事件流文本中进行说明。特殊需求的例子包括法律或法规方面的需求、应用程序标准和所构建系统的质量属性（包括可用性、可靠性、性能或支持性需求等）。此外，其他一些设计约束如操作系统及环境、兼容性需求等，也可以在此节中记录。

需要注意的是，这里记录的是专属于该用例的特殊需求；对于一些全局的非功能性需求和设计约束，它们并不是该用例所专有的，应把它们记录在《补充规约》中。

【例 5-7】 预订火车票用例的特殊需求如下。

用例名称：申请订票 特殊需求： （1）如果学生信息库可用，则在展示学生火车票预订界面时显示登录用户的学号、姓名和电话。 （2）系统提示——“开关”，用于控制“实名制”和“非实名制”订票功能。

4. 前置和后置条件

前置条件是执行用例之前必须存在的系统状态；后置条件是用例在执行完毕后系统可能处于的一组状态。

【例 5-8】 预订火车票用例的前置条件和后置条件如下。

用例名称：申请订票 前置条件： 用户已登录。 后置条件： 订票信息的状态变为“等待确认”。

在编写《用例规约》的过程中，要注意下面的问题。

（1）每个用例就像一篇散文，在写作《用例规约》时，应将注意力集中于文字上而不是图画上，《用例规约》作为用例的文字补充，它更偏重于文字描述。

（2）在编写《用例规约》时，首先应该向广度上努力而不是从深度上，只有在面上覆盖到了才能做到逐步精确。

（3）用例要短小简明，易于阅读。

① 完美的用例一般步骤不会超过 10 步，当步骤超过 10 步时，就要考虑分解用例或者合并步骤。

② 让问题短小、切题，即描述参与者的每一步动作的语言要短而精练。

③ 从头开始，用一条主线贯穿始终。

④ 确保每步中参与者及其意图是可见的，即参与者操作每一步的意图是明确的，读者在阅读《用例规约》是能一目了然地了解参与者及其意图，而不用去猜。

⑤ 用动词短语来给用例命名，这些动词表明了用例所要达到的目的。

⑥ 将可选的行为放在扩展部分，而不是用例主题的条件语句中。

(4) 描述时仅用一个句型。

① 使用陈述句,如参与者请求管理用户,系统展示用户管理页面等。

② 在主动语态中用主动动词,为了更加清晰明了地描述一个句子,句子的结构应使用主谓结构,尽可能少地使用其他句型,如参与者请求保存订票信息。

③ 当扩展的条件部分拥有不同的语法形式时可以使它和执行步骤区分开来:使用一个句子片段(或者可能是一个完整的句子),用冒号代替句号作为条件的结束。

(5) 应该按照从上向下的角度,以观察和记录景物的方法来编写用例。如同你在描述一场足球比赛:1号球员得到了球,运球,然后传给2号球员,2号球员将它传给3号球员,等等。无论情况如何,都要确保清楚地知道谁在控制球。

(6) 认识错误的代价。将系统功能正确地写下来是很重要的,应用专家和开发人员的交流越好,带来的损失就越少。

(7) 正确地得到目标层。在编写过程中应该注意每个细节的目标。

① 确保使用用例的目标层正确地反映了用例。

② 周期性地回顾前面的内容,确定你知道目标的“海平面”在哪里。

③ 问“为什么参与者要进行这个操作?”得到的答案将是下一个更高的目标层。

5.3 制作用例规约

在RUP开发过程中,在需求分析阶段提供给用户的文档是《软件需求规格说明书》,需求规格说明书一般包括功能需求和非功能性需求,功能需求采用系统用例图及用例详细描述来表示,而非功能性需求则采用其他方式进行描述。

5.3.1 分析系统用例

《软件需求规格说明书》仍然以业务需求为核心,但它描述的却是系统用例以及系统用例的设计范围,它所涉及的是参与者完成与计算机系统相关的目标,以及达到目标所涉及的技术问题及其他问题。

在火车票订购管理系统中,系统用例不但包括业务用例,而且还包括为了达到业务用例目标而衍生出来的其他类型的用例(如角色管理,它是由系统管理员操作的、与业务无关的用例)。火车票订购管理系统中的主要用例见表5-1。

表5-1 火车票订购管理系统的主要用例

序号	参与者	功能名称	简要描述
1	学生	申请订票	学生登录系统后可以进行预订票
2	学生处工作人员	订票确认	当学生提交订票信息后并未真正生效,学生需要在火车票订票管理工作教师处预交费用。预交费用后代表正式提交了订票信息,教师可以为学生购买相关火车票
3	学生处工作人员	统计	按日期和车次统计并支持导出Excel

续表

序号	参与者	功能名称	简要描述
4	学生处工作人员	到票登记	教师将已预交费用的订票信息汇总后，统一到火车票售票点购买火车票。教师在购买到火车票后，将已购票的信息录入到火车票订购管理系统。学生可以通过火车票订购管理系统查看自己订购的火车票
5	学生处工作人员	领票	当学生从火车票订购管理系统中查看到所订票"已购买"后，可以前往火车票订购教师处领取火车票，同时根据实际火车票票价结算最后费用
6	学生处工作人员	查询	按学号和班级查询，并支持导出 Excel
7	学生处工作人员	我的火车票	查看登录人员认购的火车票信息
8	系统管理员	用户管理	管理使用系统的用户
9	系统管理员	权限管理	管理使用系统的用户操作权限

根据表 5-1 的分类，可以根据参与者及其发起的用例绘制一个整体的系统用例图，如图 5-23 所示。

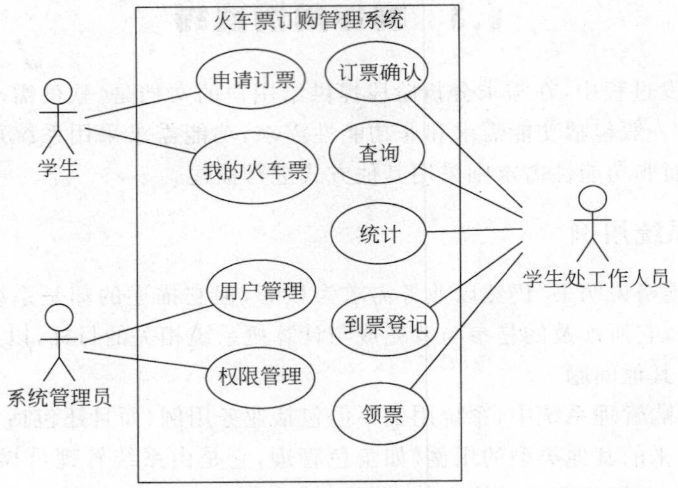

图 5-23 火车票订购管理系统用例图

5.3.2 用例描述

在《需求规格说明书》中，不但要求准确说明软件系统的范围、用例，还需要使用《用例规约》对每个用例进行补充描述，使软件需求更加详尽、无歧义，《需求规格说明书》是软件的目标，也是软件验收的标准。下面列举了两个用例的用例规约。

【例 5-9】 订票确认的用例规约。

用例规约：订票确认

1. 简要说明

当学生提交火车票预订信息后才能到学生处管理人员处确认订票(实际上是预付火车票的订金)，完成这个动作后才真正代表所提交的火车票预订信息生效，在统计学生订票信息时只包含“已交订金”的火车票预订信息，相关老师根据“已交订金”的火车票预订信息购买火车票。

参与者：学生处工作人员

2. 基本流(订票确认)

(1) 参与者请求确认订票信息。

(2) 系统展示预付款页面。

(3) 参与者输入学号并请求查询。

(4) 系统展示满足条件的学生订票信息。

(5) 参与者录入预付款金额；(人民币)。

(6) 系统保存相关信息。

3. 备选流

(1) 参与者请求确认订票信息。

(2) 系统展示预付款页面。

(3) 参与者输入电话或车次并请求查询。

(4) 系统展示满足条件的学生订票信息。

(5) 参与者录入预付款金额(人民币)。

(6) 系统保存相关信息。

4. 前置条件

学生必须提交订票信息。

5. 后置条件

状态改为“等待购票”。

6. 特殊需求

(1) 预付金额(不能为空，只能输入数字，精度为 6，其中 2 位小数)。

(2) 要求提供批量录入“预付款”功能。

7. 扩展点

不适用。

【例 5-10】 请描述领票用例规约。

用例规约：领票

1. 简要说明

当学生向学生处工作人员交纳订票预付款后，学生处工作人员将根据学生的订票信息去火车票售票窗口购买火车票，然后在火车票订购管理系统中将相应的订票记录改为“已购票”(到票登记)，这时学生可以在学生处领取预订的火车票，并完成预付款的结算手续。

参与者：学生处工作人员

2. 基本流(订票确认)

(1) 参与者请求领票。

(2) 系统展示领票页面。

(3) 参与者输入领票学生的学号并请求查询。

(4) 系统展示满足条件的学生订票信息(学号，姓名，车次，到站，预付票，票面价格，预付款差额(人民币))。

(5) 参与者录入差额(人民币)并请求领票。

(6) 系统保存领票相关信息。

3. 备选流

(1) 领“未预订”火车票

① 参与者请求领票。

② 系统展示领票页面。

③ 参与者输入领票学生的学号并请求查询。

④ 系统提示“没有学号为‘×××××’的订票记录!”。

(2) 领“未购票”预订火车票

① 参与者请求领票。

② 系统展示领票页面。

③ 参与者输入领票学生的学号并请求查询。

④ 系统提示“还没有购买学号为‘×××××’的同学的火车票，请耐心等待!”。

(3) 领“已领”火车票

① 参与者请求领票。

② 系统展示领票页面。

③ 参与者输入领票学生的学号并请求查询。

④ 系统提示“学号为‘×××××’的同学的火车票已领!”。

4. 前置条件

所领火车票已购买，参与者已完成“到票登记”。

5. 后置条件

状态改为“完成”。

6. 特殊需求

在没有补齐预付款差额时不准领票。

7. 扩展点

不适用。

本章小结

实际上，整个系统的需求分析包含业务建模和需求分析，本章首先介绍了如何使用用例法进行需求分析，在UML建模中称为用例建模，并比较了用例法与传统方法调研需求的区别。

然后,介绍了用例建模的两种工具,即用例图和用例规约,用例图用于将用户的需求图形化,而用例规约则将用例图进一步细化、精确化、文字化,它们形成了有机的整体,相互弥补彼此的不足。

最后,制作了火车票订购管理系统中确认订票的用例规约,给出了用例规约模板。

习 题

1. 选择题

(1) 图 5-24 是( )。

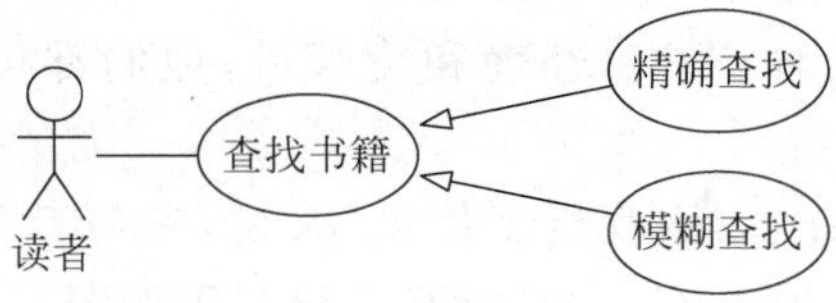

图 5-24 选择题(1)图

A. 类图　B. 用例图　C. 活动图　D. 状态图

(2) 第(1)题图中的空心箭头连线表示( )关系。

A. 泛化　B. 包含　C. 扩展　D. 实现

(3) ( )技术是将一个活动图中的活动状态进行分组,每一组表示一个特定的类、人或部门,他们负责完成组内的活动。

A. 泳道　B. 分叉汇合　C. 分支　D. 转移

(4) 用例与用例之间,可以存在多种关系,不包括( )。

A. 泛化　B. 包含　C. 扩展　D. 关联

(5) 如果用例 A 和用例 B 相似,但 A 的动作序列是通过改写 B 的部分动作或者扩展 B 的动作而获得的,则称( )。

A. 用例 A 包含用例 B　B. 用例 A 扩展用例 B

C. 用例 A 继承用例 B　D. 用例 A 实现用例 B

(6) 下列 UML 图中,( )是静态图。

A. 用例图　B. 交互图　C. 状态图　D. 活动图

(7) 用例图主要包含用例及发起用例的( )。

A. 参与者　B. 用户　C. 系统　D. 类

(8) ( )弥补了用例图描述需求的不足,准确、详尽地表达了用户场景。

A. 用例规约说明书　B. 市场分析报告

C. 数据库数据书　D. 用例实现规约说明书

(9) ( )描述的是该用例最正常的一种场景。

A. 基本流　B. 分支流　C. 备选流　D. 特殊说明

(10) (　　)负责描述用例执行过程中异常的或偶尔发生的一些情况。

A. 基本流　　B. 分支流　　C. 备选流　　D. 特殊说明

2. 问答题

(1) 请描述用例法捕获用例需求的好处。

(2) 在学生信息管理系统中，有一个用例场景叫"查询学生信息"，用户在完成查询后可以将查询结果导出成 Excel 文件格式，请问"查询学生信息"和"导出 Excel"这两个用例是什么关系？并画出用例图。

(3) 请描述用例图和用例规约的作用。

(4) 火车票订购管理系统中有系统管理员，可以在系统中完成用户管理和权限管理，请绘制用例图并描述用例规约。

(5) 描述用户需求与功能需求的区别。

(6) 库存管理系统有两种用户：经理和货管员，他们都可以登录该系统，请绘制用例图。

(7) 对于"系统管理员查看、修改员工信息"来说，参与者是系统管理员，系统管理员在查看、修改员工信息的活动中，有 3 个用例，请绘制用例图。

用例 1：登录。登录进入系统。

用例 2：查询员工信息。进入系统后可以选择查询不同员工的信息。

用例 3：修改员工信息。需要修改某些员工的部分信息，例如员工晋升后需要修改的员工的职务和工资信息。

(8) 请制作火车票订购管理系统中"申请订票"的用例规约。

(9) 数据分析公司的后台服务器上运行有一个后台应用服务程序——数据装载程序。该程序以多线程服务方式提供功能，完成数据接收、数据解压缩、数据解析入库和数据校验工作。请画出该应用程序的用例图。

(10) 网络的普及给人们提供了更多的学习途径，随之而来的管理远程网络教学的"远程网络教学系统"诞生了。"远程网络教学系统"的功能需求如下。

① 学生在登录网站后，可以浏览课件、查找课件、下载课件、观看教学视频。

② 教师在登录网站后，可以上传课件、上传教学视频、发布教学心得、查看教学心得、修改教学心得。

③ 系统管理员负责对网站页面的维护、审核不合法课件和不合法教学信息、批准用户注册。

问题如下：

① 学生需要登录"远程网络教学系统"后才能正常使用该系统的所有功能。如果忘记密码，可与通过"找回密码"功能恢复密码。请画出学生参与者的用例图。

② 教师如果忘记密码，可以通过"找回密码"功能找回密码。请画出教师参与者的用例图。

第 6 章

架构设计

Chapter 6

本章任务

完成架构设计。

知识目标

(1) 掌握包图的基本概念及使用方法。
(2) 掌握组件图的作用及使用方法。
(3) 掌握部署图的作用及使用方法。
(4) 了解 4+1 视图。

能力目标

(1) 能使用包图和组件图表示 3 层结构。
(2) 能使用部署图描述软件发布后的拓扑结构。
(3) 了解架构设计的主要内容。

任务描述

通过学习架构设计的相关理论("4+1"视图)和反映架构设计常用的 UML 工具,从总体上给客户和项目参与者展示一个宏观的、清晰的总体设计,使客户能大致了解系统的总体设计及部署方案,同时使项目参与者有一个项目开发平台。

6.1 概　　述

20 世纪 60 年代的软件危机使得人们开始重视软件工程的研究。起初,人们把软件设计的重点放在数据结构和算法的选择上,随着软件系统规模越来越大、越来越复杂,整个系统的结构和规格说明显得越来越重要。软件危机的程度日益加剧,现有的软件工程方法对此显得力不从心。对于大规模的复杂软件系统来说,对总体的系统结构设计和规格说明比起对计算的算法和数据结构的选择已经变得重要得多。在此种背景下,人们认识到软件体系结构的重要性,并认为对软件体系结构系统、深入的研究将会成为提高软件生产率和解决软件维护问题的新的最有希望的途径。

自从软件系统首次被分成许多模块，模块之间有相互作用，组合起来有整体的属性，就具有了体系结构。经验丰富的开发者常常会使用一些体系结构模式作为软件系统结构设计策略，但他们并没有规范地、明确地表达出来，这样就无法将他们的知识与别人交流。软件体系结构是设计抽象的进一步发展，满足了更好地理解软件系统，更方便地开发更大、更复杂的软件系统的需要。

事实上，软件总是有体系结构的，不存在没有体系结构的软件。体系结构(Architecture)一词在英文里就是"建筑"的意思。把软件比作一座楼房，从整体上讲，是因为它有基础、主体和装饰，即对应操作系统之上的基础设施软件、实现计算逻辑的主体应用程序、方便使用的用户界面程序。从细节上来看，每一个程序也是有结构的。早期的结构化程序就是以语句组成模块，模块的聚集和嵌套形成层层调用的程序结构，也就是体系结构。结构化程序的程序(表达)结构和(计算的)逻辑结构的一致性以及自顶向下开发方法自然而然地形成了体系结构。由于结构化程序设计时代程序规模不大，通过强调结构化程序设计方法学，自顶向下、逐步求精，并注意模块的耦合性就可以得到相对良好的结构，所以并未特别研究软件体系结构。

可以作个简单的比喻，结构化程序设计时代是以砖、瓦、灰、沙、石、预制梁、柱、屋面板盖平房和小楼，而面向对象时代以整面墙、整间房、一层楼梯的预制件盖高楼大厦。

构件怎样搭配才合理？体系结构怎样构造容易？在重要构件有了更改后，如何保证整栋高楼不倒？每种应用领域需要什么构件(医院、工厂、旅馆)？有哪些实用、美观、强度、造价合理的构件骨架使建造出来的建筑(即体系结构)更能满足用户的需求？如同土木工程进入到现代建筑学一样，软件也从传统的软件工程进入到现代面向对象的软件工程，研究整个软件系统的体系结构，寻求建构最快、成本最低、质量最好的构造过程。

软件体系结构虽然脱胎于软件工程，但是它形成的同时，借鉴了计算机体系结构和网络体系结构中很多宝贵的思想和方法，最近几年软件体系结构研究已完全独立于软件工程的研究，成为计算机科学的一个最新的研究方向和独立学科分支。软件体系结构研究的主要内容涉及软件体系结构描述、软件体系结构风格、软件体系结构评价和软件体系结构的形式化方法等。解决好软件的重用、质量和维护问题，是研究软件体系结构的根本目的。

在软件设计领域，软件体系结构是具有一定形式的结构化元素，即构件的集合，包括处理构件、数据构件和连接构件。处理构件负责对数据进行加工，数据构件是被加工的信息，连接构件把体系结构的不同部分组合连接起来。软件体系结构又叫架构设计，设计架构的人员叫软件架构师。

6.2 架构设计常用工具

6.2.1 包图

包(Package)是一种对模型元素进行成组组织的通用机制，它把语义上相近的可能一起变更的模型元素组织在同一个包中，便于理解复杂的系统，控制系统结构各部分间的接缝。包是一个概念性的模型管理的图形工具，只在软件的开发过程中存在。

在面向对象软件开发的视角中，对于庞大的应用系统而言，其包含的对象将是成百上千，再加上其间“阡陌交纵”的关联关系、多重性等，必然是大大超出了人们可以处理的复杂度，这也就是引入了“包”这种分组事物的原因。包可直接理解为命名空间或文件夹，是用来组织图形的封装。包图可以用来表述功能组命名空间的组织层次，如图 6-1 所示。

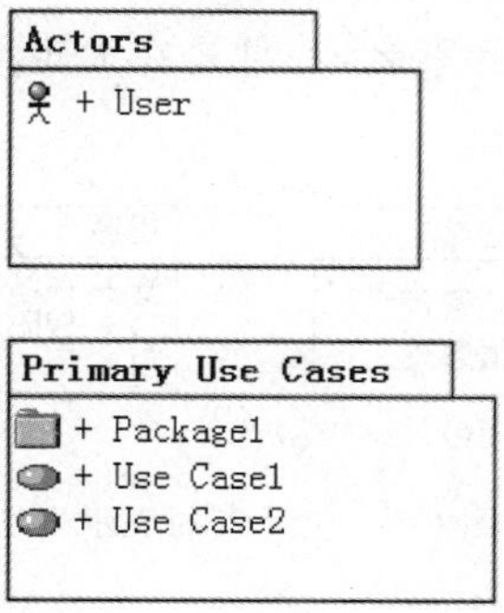

图 6-1　包示意图

1. 包的表示

包的图标是一个大矩形的左上角带一个小矩形，包的名字可以用一个简单名(字符串)表示，或用路径名表示，包名可以放在大矩形框中，也可以放在左上角的小矩形框中。在 UML 中，常用表示包的方法如图 6-2 所示。

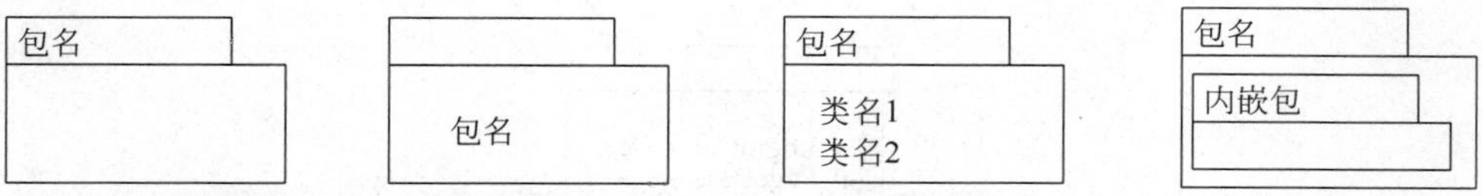

(a) 包名放在小矩形中　(b) 包名放在大矩形中　(c) 包名放在小矩形中大矩形列出包含的类名　(d) 嵌套包

图 6-2　包的表示方法

(1) 包的名称

每个包必须有一个与其他包相区别的名称。标识包名称的格式有两种：简单名和全名。其中，简单名仅包含包一个简单的名称；全名是用该包的外围包的名字作为前缀，加上包本身的名字。

例如，在 EA 常用表示包的方法中，Web 就是一个简单名。而包 ZDSoft. TOS. Web 才是一个完整带路径的名称，表示 Web 这个包是位于 ZDSoft. TOS 命名空间中的，这两种方法均可表示一个包，如图 6-3 所示。

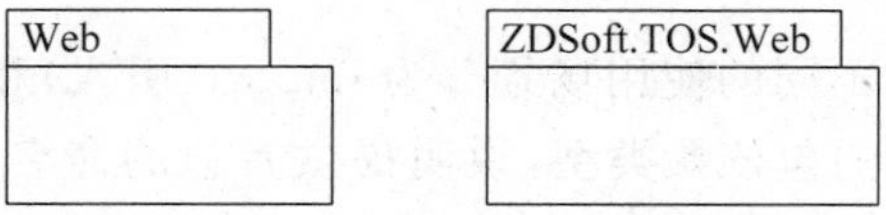

(a) 简单名　(b) 全名（含路径）

图 6-3　包在 EA 中的表示方法

(2) 包的元素

在一个包中可以拥有各种其他元素,包括类、接口、构件、节点、协作、用例,甚至是其他包或图,这是一种组成关系,意味着元素是在这个包中声明的,因此一个元素只能属于一个包。

每一个包就意味着一个独立的命名空间,因此两个不同的包,可以具有相同的元素名,但由于所位于的包名不同,因此其全名仍然是不同的。在包中拥有元素时,有两种方法:一种是在大矩形中列出所有元素名,一种是在大矩形中画出所属元素的图形表示,如图 6-4 所示。

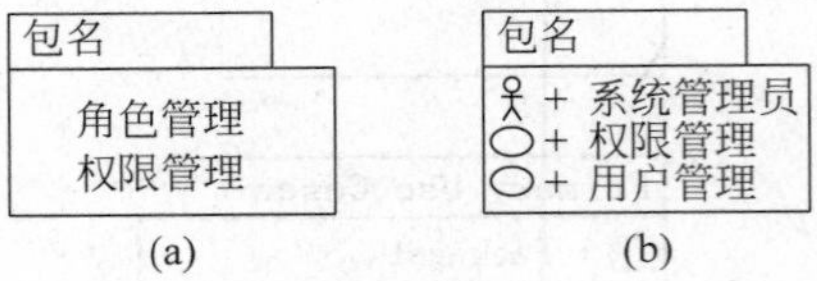

图 6-4　包元素的表示方法

(3) 包的可见性

与类中的属性和方法一样,包中的元素也有可见性,包内元素的可见性控制了包外部元素访问包内部元素的权限。

包的可见性有 3 种:可以用"+"来表示 Public,即该元素是共有的;用 # 来表示 Protected,即该元素是保护的,用－来表示 Private,即该元素是私有的。如图 6-5 所示,认证服务是私有的,只能在包内访问,LoginController 是公有的,所有成员和元素都可以访问,而 PageBase 是保护的,只有继承 PageBase 的类才能访问它。

图 6-5　包的可见性

(4) 包图中的关系

包图中的关系有两种:依赖关系、泛化关系。

① 依赖关系使用虚线箭头表示,没有箭头一侧的包依赖有箭头的包,如图 6-6 所示包 A 依赖于包 B。

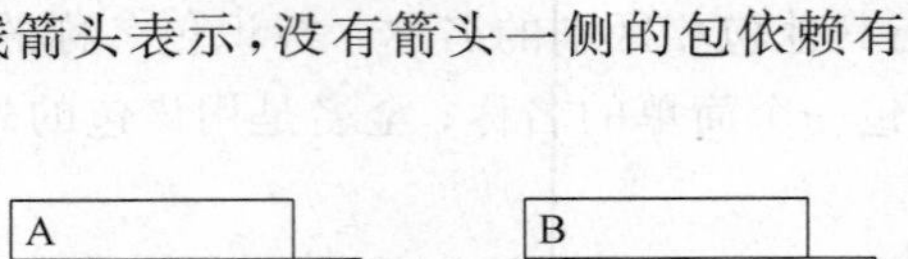

图 6-6　包的依赖关系

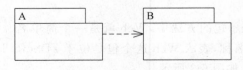

依赖关系又可以根据不同的使用场景分为 import(引入)和 merge(合并)。

import 关系:最普遍的包依赖类型,说明提供者包的命名空间将被添加到客户包的命名空间中,客户包中的元素也能够访问提供者包的所有公共元素。≪import≫关系使命名空间合并，当提供者包中的元素具有与客户包中的元素相同的名称时，将会导致命名空间的冲突。这也意味着，当客户包的元素引用提供者包的元素时，将无须使用全称，只需使用元素名称即可。

包引入是一种允许采用非限定性名称访问来自于另一个命名空间中的元素的关系。假如有一个包 A 和一个包 B，如果包 A 没有引入包 B，那么包 A 在访问包 B 时，必须采用限定姓名，例如 B::Integer。当包 A 引入了包 B 以后，则可以采用非限定性名称进行访问，此时 A 可以直接用 Integer 来访问包 B 中的 Integer。对于包的引入，其如同 C# 语言中的 using namespace 关键字，也如同于 Java 语言中的 import 关键字。

在包引入的表示方法中，带有箭头一侧的包被引入到没有箭头一侧的包中，如图 6-7 所示，包名为“ZDSoft. TOS. BLL”代表业务逻辑层，它引入了数据访问层项目 ZDSoft. TOS. DAL。

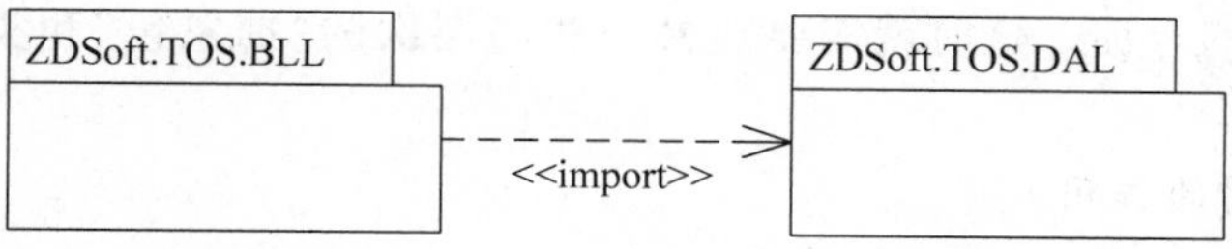

图 6-7 包的引用(引入)

marge 关系定义了一个包的内容是如何被另一个包扩展的关系，包合并关系表示将两个包的内容合并在一起从而得到一个新的合并包，当然，这种合并关系也隐含了对被合并包的扩展。

图 6-8 是使用包合并的一个例子，包合并关系在 UML 图中的表示与依赖关系是一样的。从图 6-8 中的语法可以看出箭头(Target)所指向的包是被合并的包。在图 6-8 中能看到 3 个包，即 Merged 包、Merging 包和 Importing 包，还可以看到 Merging 包将 Merged 包合并了，以及 Importing 包引入了 Merging 包。3 个包中都有一个 A 类，那3 个包中的 A 类在合并前后有什么关系呢？

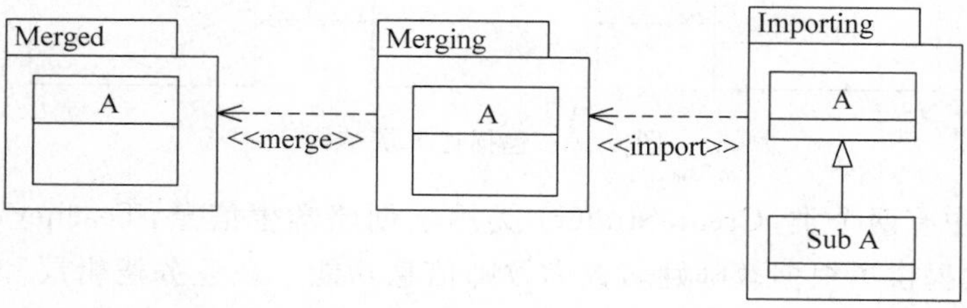

图 6-8 包合并示例

为了方便理解这一问题，请看图 6-9。其中的加号表示的是合并这个操作，等号的左边表示合并之前，而等号的右边表示合并之后。在合并之前，可以看出 Merged::A 和 Merging::A 分别是一个扇形，但合并之后 Merging::A 就变成了一个圆，因为 Merged 包被合并进了 Merging 包，这个合并操作是站在 Merging 包的角度来看的。从 Merged 包的角度来看，不论是合并前或是后，都是一个扇形，这还是比较好理解的，因为它是独立的，并没有合并其他的包。对于 Merging 包还可以这样理解，在合并之前，无论是从包里头看还是从包外头看都是一个扇形。但在合并之后，从里面看来A还是一个扇形，但从外面来看却是一个圆。

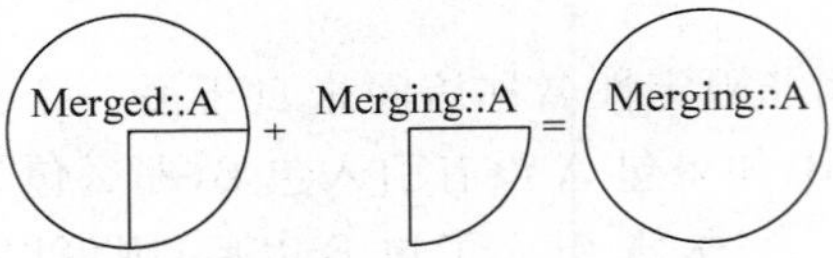

图 6-9　包合并示意图

有了上面对于包合并的理解后，就不难理解 Importing 包中的 A 了，显然它是一个圆，是从 Merging 包的外部来看引入的 A。

② 包间的泛化关系类似于类间的泛化关系，使用一般包的地方，可以用特殊包代替。

在系统设计中，对某一个特定的功能，有多种实现方法。例如，实现多数据库支持；实现 B/S 和 C/S 双界面。这时就需要定义一些高层次的“抽象包”和实现高层次功能的“实现包”。

2. UML 包图的作用

(1) 对语义上相关的元素进行分组。

(2) 定义模型中的“语义边界”。

(3) 提供配置管理单元。

(4) 在设计时，提供并行工作的单元。

(5) 提供封装的命名空间，其中所有名称必须唯一。

【例 6-1】 描述普通软件开发 3 层结构的结构层次。

分析：应用程序的 3 层结构是指表示层、业务逻辑层和数据访问层，表示层依赖业务逻辑层，业务逻辑层访问数据访问层进行数据操作。根据这个依赖关系可以制作图 6-10。

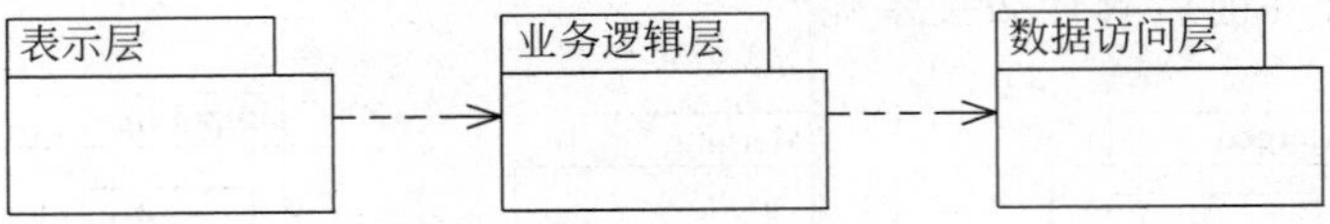

图 6-10　包描述 3 层结构

在表示层中有两个类，CreateStudent 类用于创建学生信息，TeacherView 类用于显示教师列表，它提供了根据教师姓名查询教师信息功能。在业务逻辑层和数据访问层中有与之相对应的方法，才能保证这两个功能的实现，它们分别位于对应的命名空间中，完成后的包图如图 6-11 所示。

图 6-11　完善后的 3 层结构示意图

注意：图中的虚线箭头代表依赖关系。

【例 6-2】 火车票订购管理系统采用3层结构开发，但有一个实体层用于提供业务实体，请绘制包图，并表明它们之间的依赖关系。

分析：3层结构的依赖关系同上例，实体层提供了对象类，它是系统数据信息的载体，它将携带相关的数据往返于3层结构之间，即表示层、业务逻辑层和数据访问层都必须依赖它，绘制完成的包图如图6-12所示。

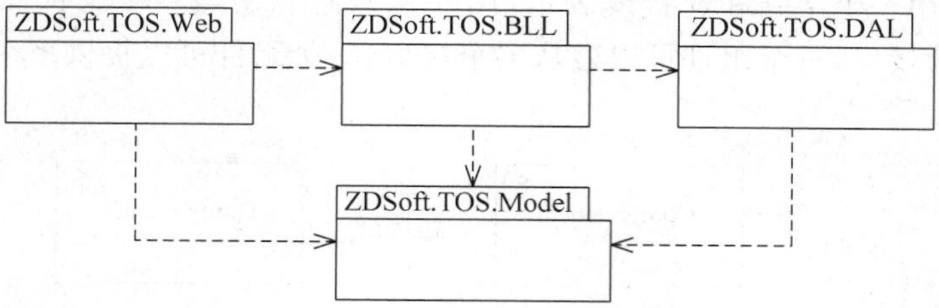

图 6-12 引入实体层后的3层结构依赖关系

6.2.2 组件图

假如家里已经有一台42英寸的平板电视并且支持高清信号(高清信号接口有3种，分别是Type A、Type B和Type C，假定平板电视的接口类型为Type B)输入，现在需要将提供Type C的计算机与其相连接欣赏高清电影，如果平板电视只支持Type B类型高清接口类型的计算机，那么你必须换掉你心爱的计算机或电视。这样，就太不幸了。

比较灵活的方式是，生产3种类型的数据线(Type A转Type B、Type A转Type C和Type B转Type C)，这样就可以满足任意一种接口向平板电视的目标接口(Type B或其他类型)转入高清数据。这个数据线就是一个组件，它可以方便地将不同高清信号接口连接起来，当面对不同的转接类型时，只需要花很少的代价更换这个组件即可。

软件也类似，如果把应用程序做成一个单一的大单元，当需求改变时，它太僵化并且很难修改，并且无法使用现有的一些功能，即使一个现存的系统有很多你需要的功能，同时也有很多你不想要的部分，并且很难或者不可能被删除。对于软件系统的解决方法类似于生产一个数据连接线，可以把程序做成可灵活连接起来的、定义良好的组件，当需求发生变化时，这个组件可以单独被替换。

1. 组件和接口

组件是系统中可替换的部分，它遵循并提供了一组接口的实现，而接口是一组操作的集合，用于指明类或组件的一个服务。组件和接口之间的关系是很重要的，几乎所有流行的基于组件的操作工具(如COM+)都以接口作为把组件绑定在一起的黏合剂。

在UML中，组件用右上角包含有堆积着小块的一个立着的长方形的矩形来表示，组件包括组件名字和组件原型的文字和图标，组件原型的文本是Component。图6-13中

Component1 是组件的名称。

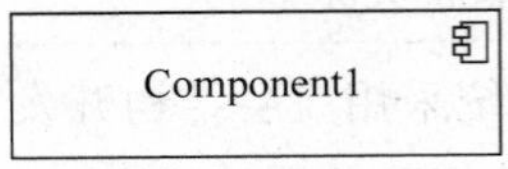

图 6-13 组件表示方法

在 UML 中,组件所实现的接口称为供接口,用一个"棒棒糖"表示(图 6-14),意思是组件向其他系统或组件提供的服务接口。一个组件可以提供多个接口,组件所使用的接口称为需接口,用一个半圆和连接线表示(图 6-14),意思是当一个组件向其他系统请求服务时所遵从的接口,一个组件可以遵从多个接口,一个组件可以提供多个接口也可以遵从多个接口。

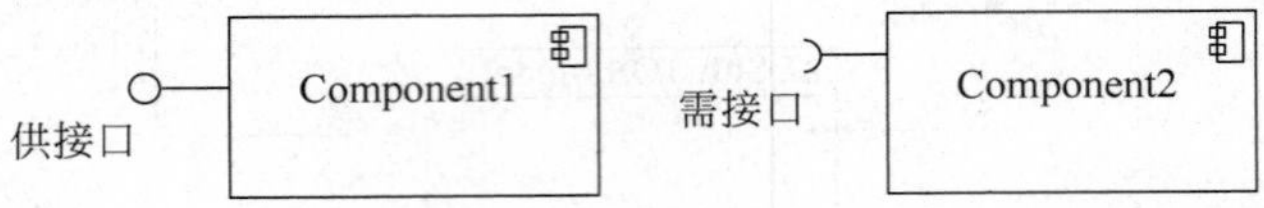

图 6-14 组件接口示意图

【例 6-3】 在火车票订购管理系统中,需要学生的基本信息,而这些信息来源于学生信息管理系统,同时它又提供了查询火车票订购信息接口,以方便其他系统进行访问,如图 6-15 所示。

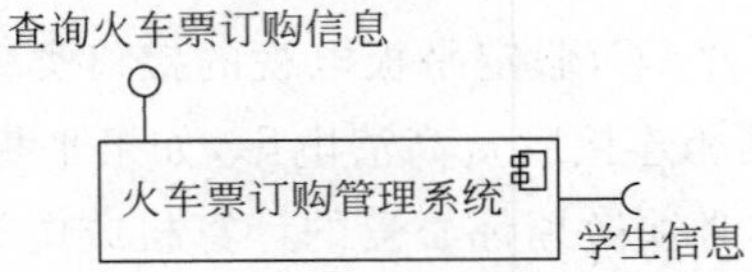

图 6-15 火车票订购管理系统提供的接口

当表现组件与其他组件的关系时,组件需要的接口,必须与其他组件提供的接口相一致,如图 6-16 所示,在火车票订购管理系统中需要调用学生信息管理系统提供的学生信息接口。

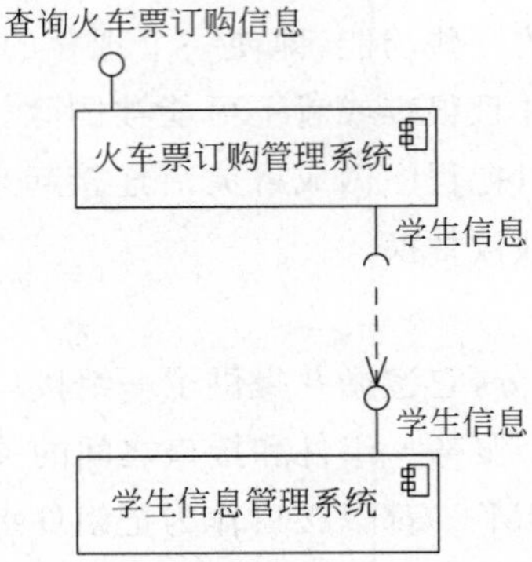

图 6-16 火车票订购管理系统与学生信息管理系统的接口

2. 端口

接口对组件的总行为声明是十分有用的，但它们没有个体的标识，组件的实现只需要保证它的全部供接口的使用操作都被实现了的，使用端口就可以进一步控制这种实现。

端口是一个被封装的组件的对外窗口，在封装的组件中，所有出入组件的交互都要通过端口，组件对外可见的行为恰好是它端口的总和。端口用方块表示，并放置在组件边界上，供接口和需接口都可以附着到端口符号上。供接口表示可以通过那个端口来请求的服务，需接口表示该端口从其他组件获得的服务，每个端口都有一个名字，因此可以通过组件和端口名来唯一标识它。

端口是组件的一部分，端口的实例随着它们所属组件的实例被创建和撤销。图 6-17 显示了一个带有端口的组件学生信息管理系统，这个组件提供了两个用于提供学生信息的查询服务，一个提供学生基本信息查询服务（如仅学号、姓名等基本信息），另一个提供学生详细信息查询服务（如教育经历、获奖情况等更详细的信息），它们都有相同类型的学生信息查询的供接口。

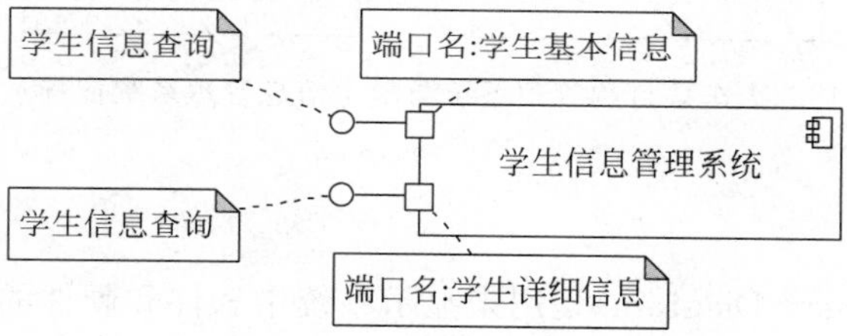

图 6-17 学生信息管理系统端口示意图

3. 内部结构

组件可以被作为一段单独的代码来实现，但在很多大型系统中，为了达到“高内聚、低耦合”的松散型设计，降低组件间的依赖，通常用一些小的组件作为构造块来组建大组件，组件的内部结构是一些小的部件，这些部件连接在一起组合成组件。在许多情况下，内部部件可以是较小的组件，它们静态地被连接在一起，以完成用户要求的功能。

部件是组件的实现单元，部件有名字和类型。在组件实例中，每个部件有一个或多个实例对应于部件指明的类型。类的属性是一种部件，它有类型和多重性，并且类的每个实例都包含一个或多个给定类型的实例。

需要注意的是，部件和类是不同的，每个部件潜在地由其名字来区别，正如类中的每一个属性是可区分的，同一类型的部件可能有多个，但是可以通过它们的名字来区别，并且假定它们的组件中的功能也不同。例如，在图 6-18 中学生信息管理系统组件为其他系统提供了学生信息查询服务，它们的工作相同，但查询基本信息和详细信息返回的数据是不同的。因为这些组件的类型相同，所以必须用名字来区别它们。

如果部件是有端口的组件，可以通过端口把它们连接起来，规则如下：如果一个端口提供了一个接口而另一个端口需要它，那么这两个端口是可连接的，两个端口连接在一起意味着请求端口将调用提供端口来获得服务。

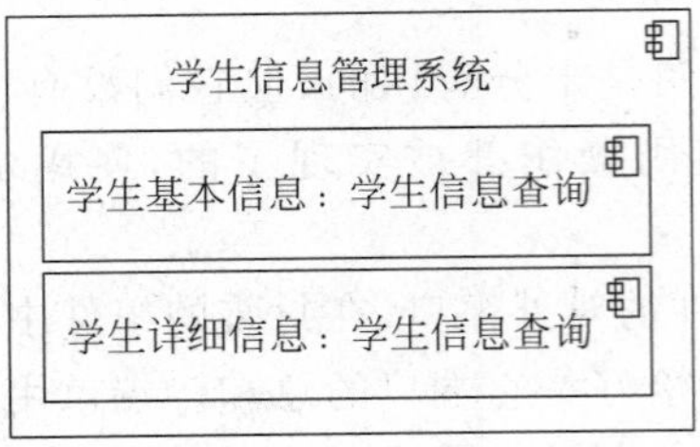

图 6-18　学生信息管理系统内部结构

【例 6-4】 学生在登录火车票订购管理系统时需要提供学生基本信息，为了不使学生信息产生多个副本(这样，会增加维护学生信息一致性的工作量)从而产生不一致性，通常在学生信息管理系统中提供访问学生基本信息的接口供其他系统访问，那么火车票订购管理系统与学生信息管理系统的关系是依赖关系，即没有学生信息管理系统的存在，火车票订购管理系统将无法正常运行，它们之间的依赖关系如图 6-19 所示。

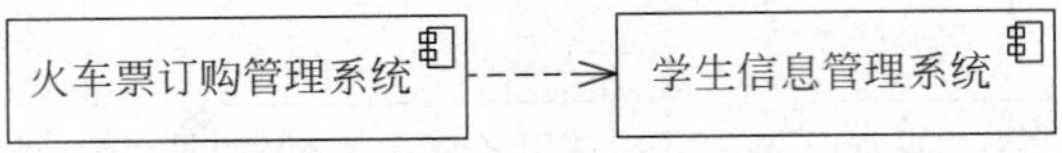

图 6-19　火车票订购管理系统与学生信息管理系统依赖示意图

6.2.3 部署图

部署图(Deployment Diagram)是用来显示系统中软件和硬件的物理架构。从部署图中，可以了解到软件和硬件组件之间的物理关系以及处理节点的组件分布情况。使用部署图可以显示运行时系统的结构，同时还传达构成应用程序的硬件和软件元素的配置和部署方式。部署图一般由下面的元素组成。

1. 节点(Node)

节点是存在于运行时的、代表计算机资源的物理元素，可以是硬件也可以是运行其上的软件系统。例如 64 位主机、Windows Server 2008 操作系统、防火墙等。节点用三维盒装表示，如图 6-20 所示。

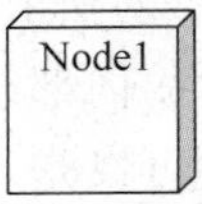

图 6-20　节点示意图

节点可以有不同的类型，并在节点的右上角用不同的图标表示。常用节点类型见表 6-1。

表 6-1　节点类型说明

类型	图例	说　明
Disk Array	图 6-21	通常用于表示磁盘阵列，如数据库磁盘队列
PC	图 6-21	通常用于表示用户电脑或客户端电脑
Secure	图 6-21	通常用于表示带有安全限制的设备，如防火墙
Server	图 6-21	通常用于表示服务器，如数据库服务器

在图 6-21 的属性对话框中，选择“常规”选项卡，在构造型中选择 PC Client 选项(客户端个人计算机)后，如图 6-22 所示。

图 6-21　不同节点类型示意图

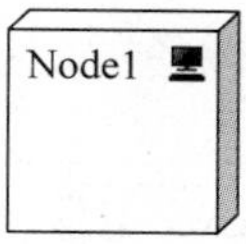

图 6-22　客户端个人计算机示意图

2. 节点实例

节点实例名称格式如 Node Instance ：node，与节点的区别在于名称有下划线和节点类型前面有冒号，冒号前面可以有示例名称也可以没有示例名称。

【例 6-5】 如果在 EA 项目中已存在一个类型为“PC”的节点，且有一台型号为“惠普 CQ41”电脑作为系统部署时的客户端电脑，在“项目浏览器”中用鼠标拖动 PC 节点到绘图区域中，在弹出的对话框中选择“作为元件(M)(Object)的 Instance”单选框，如图 6-23 所示。

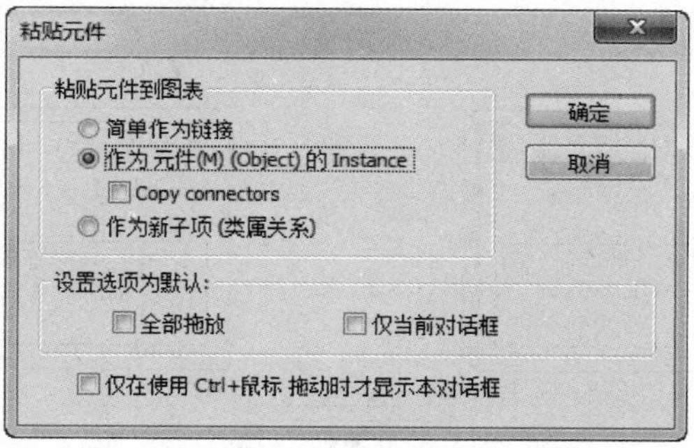

图 6-23　添加实例操作图

单击“确定”按钮后，将拖入元件的名称设置为“惠普 CQ41”，如图 6-24 所示。

3. 物件(Artifact)

物件是软件开发过程中的产物，包括过程模型(例如用例图、设计图等)、源代码、可执行程序、设计文档、测试报告、需求原型、用户手册等。物件表示如图 6-25 所示，带有关键字≪artifact≫和文档图标。

图 6-24　实例示意图

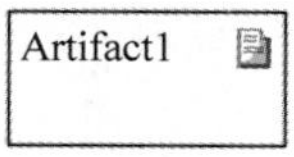

图 6-25　物件示意图

【例 6-6】 将火车票订购管理系统的 Web 项目“ZDSoft. TMS. Web”部署到 IIS 服务器上，如图 6-26 所示。

4. 连接(Association)

节点之间的连线表示系统之间进行交互的通信路径，这个通信路径称为连接(Association)，且连接中有网络协议，如图 6-27 所示。

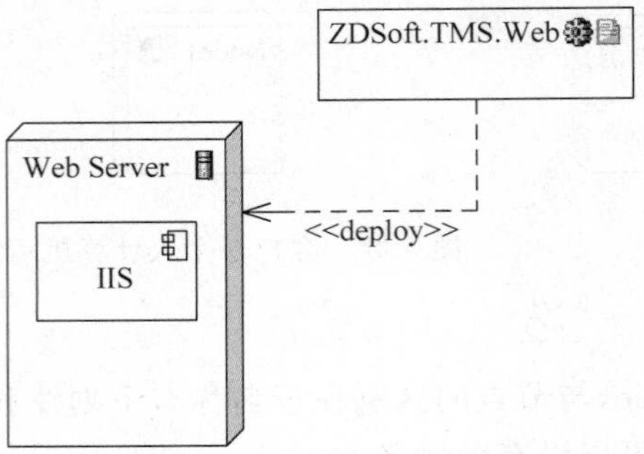

图 6-26 火车票订购管理系统部署视图

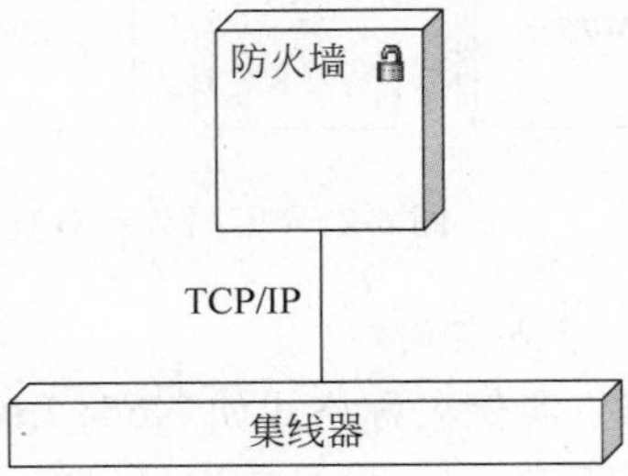

图 6-27 带有连接线的部署图示意

【例 6-7】 绘制火车票订购管理系统的部署图。

分析：火车票是基于 B/S 的数据库应用系统，需要有数据库服务器（可以是 SQL Server 或 MySQL 等），Web 服务器（可以是 IIS 或 Tomcat 等），同时，需要防火墙保证系统的安全性，如图 6-28 所示。

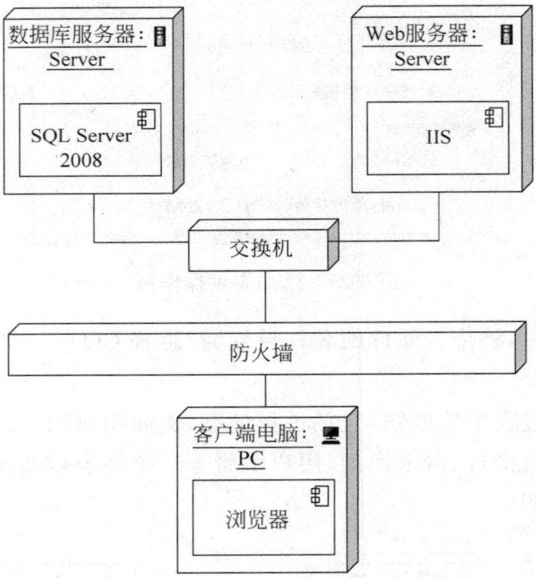

图 6-28 火车票订购管理系统部署图

6.3 制作《架构设计说明书》

6.3.1 "4＋1"视图方法

"4＋1"视图是对逻辑架构进行描述，最早由 Philippe Kruchten 提出，他在 1995 年的《IEEE Software》上发表了题为"The 4＋1 View Model of Architecture"（架构的"4＋1"

视图模型)的论文,引起了业界的极大关注,并最终被 RUP 采纳,现在已经成为架构设计的结构标准,如图 6-29 所示。

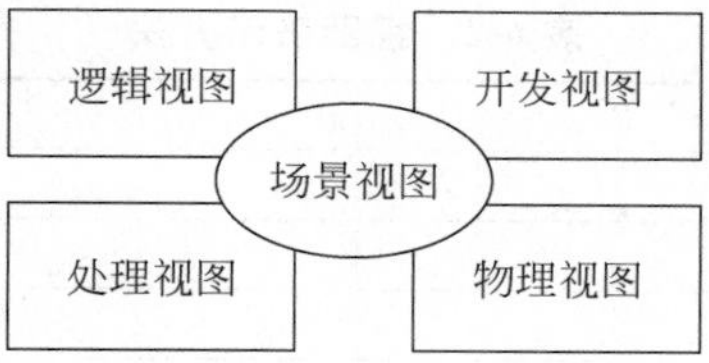

图 6-29 “4＋1”视图示意图

该方法的不同架构视图承载不同的架构设计决策,支持不同的目标和用途。

(1) 逻辑视图。逻辑视图关注功能,不仅包括用户可见的功能,还包括为实现用户功能而必须提供的“辅助功能模块”,它们可能是逻辑层、功能模块等。在面向对象技术中,通过抽象、封装、继承,可以用对象模型来代表逻辑视图,可以用类图(Class Diagram)来描述逻辑视图。

(2) 开发视图。开发视图关注程序包,不仅包括要编写的源程序,还包括可以直接使用的第三方 SDK 和现成框架、类库,以及开发的系统将运行于其上的系统软件或中间件。开发视图和逻辑视图之间可能存在一定的映射关系:例如逻辑层一般会映射到多个程序包等。开发视图主要服务于软件编程人员,方便后续的设计与实现。它通过系统输入输出关系的模型图和子系统图来描述。要考虑软件的内部需求:开发的难易程度、重用的可能性、通用性、局限性等。开发视图的风格通常是层次结构、层次越低、通用性越好。

(3) 处理视图。处理视图关注进程、线程、对象等运行时概念,以及相关的并发、同步、通信等问题。处理视图和开发视图的关系:开发视图一般偏重程序包在编译时期的静态依赖关系,而这些程序运行起来之后会表现为对象、线程、进程,处理视图比较关注的正是这些运行时单元的交互问题。处理视图服务于系统集成人员,方便后续性能测试,强调并发性、分布性、集成性、容错性、可扩充性、吞吐量等,并定义逻辑视图中的各个类的具体操作是在哪一个线程(Thread)中被执行。

(4) 物理视图。物理视图关注“目标程序及其依赖的运行库和系统软件”最终如何安装或部署到物理机器,以及如何部署机器和网络来配合软件系统的可靠性、可伸缩性等要求。物理视图和处理视图的关系:处理视图特别关注目标程序的动态执行情况,而物理视图重视目标程序的静态位置问题;物理视图是综合考虑软件系统和整个 IT 系统相互影响的架构视图。物理视图服务于系统工程人员,解决系统的拓扑结构、系统安装、通信等问题,主要考虑如何把软件映射到硬件上,也要考虑系统性能、规模、可靠性等。

(5) 场景视图。场景用于刻画组件之间的相互关系,将 4 个视图有机地联系起来,可以描述一个特定的视图内的组件关系,也可以描述不同视图间的组件关系。文本、图形表示皆可。

逻辑视图、开发视图主要是用来描述系统的静态结构,而处理视图、物理视图主要描述系统的动态结构。并非每个系统都必须把 5 个视图都画出来,它们各有侧重点,例如信息管理系统(MIS)系统侧重于逻辑视图、开发视图,而实时控制系统则侧重于处理视图、物理视图。

在UML中,通常使用相关的图形反映对应的视图,它们的对应关系见表6-2。

表6-2 视图表示方法

视图名称	UML图
场景视图	用例图
逻辑视图	类图
开发视图	类图,组件图
处理视图	无完全对应
部署视图	部署图

6.3.2 完成架构设计文档

架构设计是一个非常复杂的概念,要考虑的要素非常多,主要包括以下几方面。

(1) 需求的符合性。它包括正确性、完整性;功能性需求、非功能性需求。

软件项目最主要的目标是满足客户需求。在进行构架设计的时候,大家考虑更多的是使用哪个运行平台、编程语言、开发环境、数据库管理系统等问题,如果对于和客户需求相关的问题考虑不足、不够系统,那么无论多么完善的构架都无法满足客户明确的某个功能性需求或非功能性需求,这时就应该与客户协调在项目范围和需求规格说明书中删除这一需求。否则,架构设计应以满足客户所有明确需求为最基本目标,尽量满足其隐含的需求。

(2) 总体性能。性能其实也是客户需求的一部分,当然可能是明确的,也有很多是隐含的,这里把它单独列出来再次强调说明。性能是设计方案的重要标准,性能应考虑的不是单台客户端的性能,而是应该考虑系统总的综合性能。

(3) 运行可管理性。系统的构架设计应当使系统可以预测系统故障,防患于未然。现在的系统正逐步向复杂化、大型化发展,单靠一个人或几个人来管理已显得力不从心,况且对于某些突发事件的响应,人的反应明显不够。因此,通过合理的系统构架规划系统运行资源,便于控制系统运行、监视系统状态、进行有效的错误处理。为了实现上述目标,模块间通信应当尽可能简单,同时建立合理详尽的系统运行日志,系统通过自动审计运行日志,了解系统运行状态,进行有效的错误处理(运行可管理性与可维护性不同)。

(4) 与其他系统接口兼容性。

(5) 与网络、硬件接口兼容性及性能。

(6) 系统安全性。

随着计算机应用的不断深入和扩大,涉及的部门和信息也越来越多,其中有大量保密信息在网络上传输,所以对系统安全性的考虑已经成为系统设计的关键,需要从各个方面和角度加以考虑,以保证数据资料的绝对安全。

(7) 系统可靠性。系统的可靠性是现代信息系统应具有的重要特征,由于人们日常的工作对系统依赖程度越来越多,因此系统必须可靠。系统构架设计可考虑系统的冗余度,尽可能地避免单点故障。系统可靠性是系统在给定的时间间隔及给定的环境条件下,按设计要求,成功地运行程序的概率。成功的运行不仅要保证系统能正确地运行,满足功能需求,还要求当系统出现意外故障时能够尽快恢复正常运行,数据不受破坏。

(8) 业务流程的可调整性。应当考虑客户业务流程可能出现的变化,所以在系统构架设计时要尽量排除业务流程的制约,即把流程中的各项业务节点工作作为独立的对象,设计成独立的模块或组件,充分考虑它们与其他各种业务对象模块或组件的接口,在流程之间通过业务对象模块的相互调用实现各种业务。这样,在业务流程发生有限的变化时(每个业务模块本身的业务逻辑没有变的情况下),就能够比较方便地修改系统程序模块或组件间的调用关系而实现新的需求。如果这种调用关系被设计成存储在配置库的数据字典里,则连程序代码都不用修改,只需修改数据字典里的模块或组件调用规则即可。

(9) 业务信息的可调整性。应当考虑客户业务信息可能出现的变化,所以在系统构架设计时必须尽可能减少因为业务信息的调整对于代码模块的影响范围。

(10) 使用方便性。使用方便性是不需提及的必然的需求,而使用方便性与系统构架是密切相关的。

(11) 构架样式的一致性。软件系统的构架样式有些类似于建筑样式(如中国式、哥特式、希腊复古式)。软件构架样式可分为数据流构架样式、调用返回构架样式、独立组件构架样式、以数据为中心的构架样式和虚拟机构架样式,每一种样式还可以分为若干子样式。构架样式的一致性并不是要求一个软件系统只能采用一种样式,就像建筑样式可以是中西结合的,软件系统也可以有异质构架样式(分为局部异质、层次异质、并行异质),即多种样式的综合,但这样的综合应该考虑其某些方面的一致性和协调性。每一种样式都有其使用的时机,应当根据系统最强调的质量属性来选择。

在信息管理系统中,架构设计一般只关注逻辑视图、开发视图、物理视图和用户场景的处理。

【例 6-8】 火车票订购管理系统的架构设计文档如下。

1. 逻辑视图(图 6-30)

领域层核心类

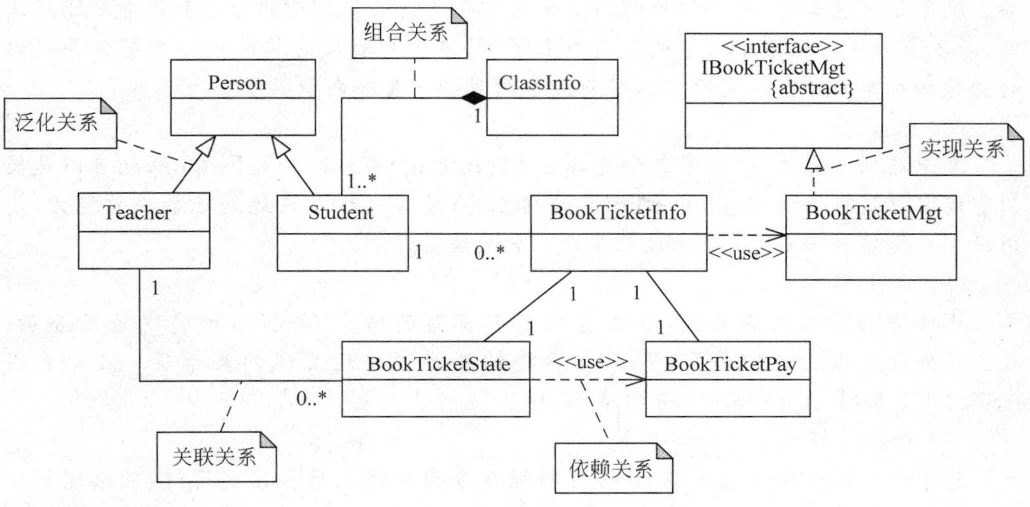

图 6-30 逻辑视图

2. 处理视图

不适用于本系统。

3. 开发视图

(1) 概述

本系统的逻辑分层架构如图 6-31 所示。

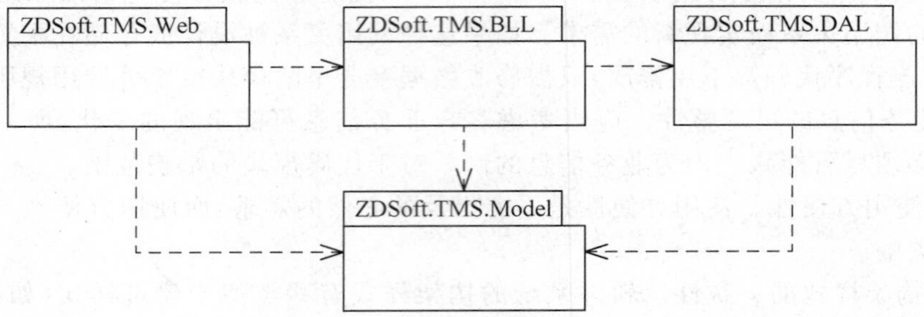

图 6-31 逻辑分层架构

在典型的 3 层架构中,业务层或者叫应用层是关注的焦点,为了更好地组织业务逻辑,一般将业务层细分为服务层和领域层,同时为了隔离数据库的差异分离出了持久层,浏览器发出的请求首先到达 Web 层,Web 层再将请求转发到服务层。服务层实现业务逻辑的处理,同时判断是否需要触发工作流。服务层对请求进行初步的处理后,指挥领域层的领域对象实现领域逻辑的处理。领域对象的持久化由持久层来完成,持久层对数据库进行访问后按照来时的顺序返回结果到浏览器,完成系统的交互。

重用在编程语言层面上面临的一大难题就是难于发现可重用的资产并跨越各种技术使用它们。服务应该能够在一个众所周知的目录中描述和注册自身,而希望调用服务的客户端则应该能够完全基于已注册的信息来调用服务,这就是定义良好的服务。服务是自包含的,即一项操作的语义由即将进行的操作中的信息和服务状态所决定,而不依赖于其他某个服务的状态或上下文,这种粗粒度的隔离使得理解服务提供的功能和对其进行重用变得更加容易。下面对每一层分别予以详细介绍。

(2) 表示层

表示层位于客户端,通常是浏览器如 IE(Internet Explorer),Firefox,也可以是使用智能客户端技术的 Windows Form 应用程序(具备联机或离线处理数据的能力,使用服务层提供的 WCF 服务实现业务逻辑的处理)。

(3) Web 层

Web 层位于应用服务器,它负责响应浏览器的请求,并将请求转发给服务层,服务层处理完成后返回结果,Web 层再将结果经过处理呈现到表示层。可以采用 ASP. NET Web Application 来构建 Web 层。

(4) 业务逻辑层

基于领域驱动设计的思想,业务逻辑通常分为领域逻辑和应用逻辑,领域逻辑应该只和这一个领域对象的实例状态有关,而不应该和一批领域对象的状态有关。当一个逻辑被放到领域对象中以后,这个领域对象仍然独立于持久层框架之外,这个领域对象仍然可以脱离持久层框架进行单元测试，这个领域对象仍然是一个完备的、自包含的、不依赖于外部环境的领域对象，在这种情况下这个逻辑就是领域逻辑。如果这个逻辑与一批领域对象的状态有关，就不是领域逻辑，而是应用逻辑，应用逻辑有时体现为工作流。

(5) 领域层

领域层位于应用服务器，负责表示业务概念、业务状态的信息及业务规则，是系统的核心。领域层的设计参考充血模型，它包括两种类型的领域对象：实体和值对象，这两种类型的领域对象提供对属性的访问和从基类继承的持久化的能力，也实现了不依赖于其他领域对象的领域逻辑和业务规则。

实体类型的领域对象是在不同时刻不同表现形式下具有唯一身份标识的对象，如 Student 和 Teacher 等。

值对象类型的领域对象没有唯一的身份标识，用来描述实体类型的领域对象的某种特征，如订票状态。

领域层所有的对象都继承自 EntityBase＜T＞类，瞬时对象的持久化存储由 ADO. NET 提供的数据访问框架来完成。

在领域对象里可以实现一部分不依赖于其他领域对象的业务逻辑，而那些依赖于其他领域对象的业务逻辑被分离到服务层，即充血模型。

(6) 持久层

持久层位于应用服务器，提供持久化服务，领域对象的状态通过持久层被持久化的保存到数据库中。

4. 物理视图

系统的组件结构如图 6-32 所示。

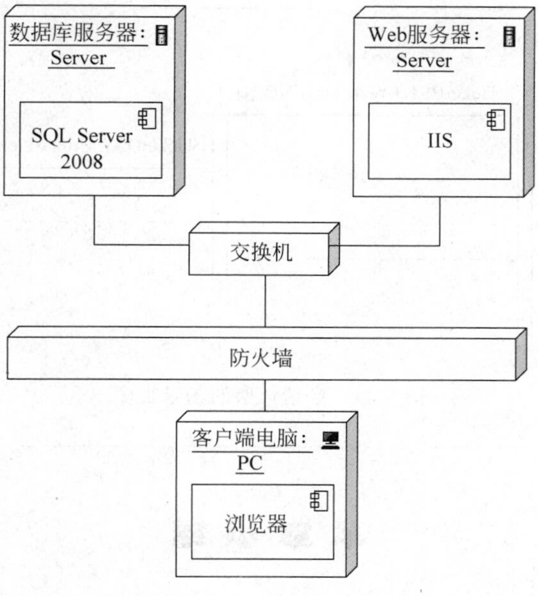

图 6-32 系统的组件结构

从图 6-32 中可以看出，客户通过使用 Web Browser 与系统的应用服务器相连接，通过应用服务器使用系统，而应用服务器通过 ADO.NET 与后台数据库相互连接。

整个系统的网络结构如图 6-33 所示。

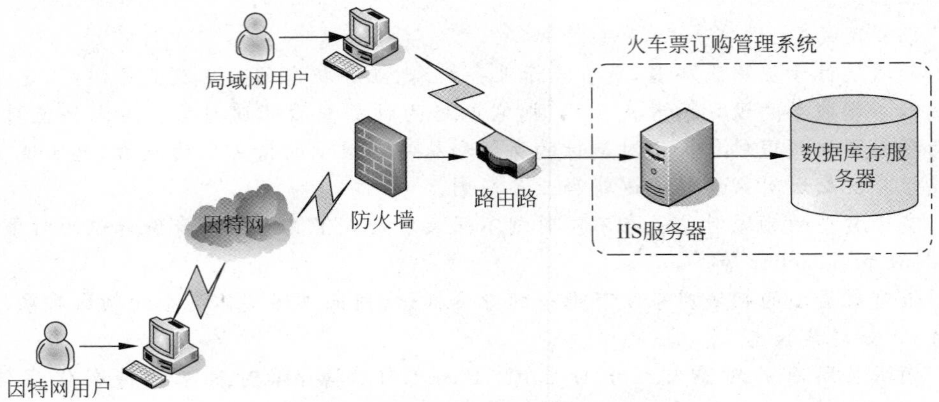

图 6-33　整个系统的网络结构

从图 6-33 中可以看出，用户通过 Internet 或局域网与火车票订购管理系统进行交互，通过 IIS 服务器与数据库服务器进行交互，系统数据库在物理上可以将数据库部署在单独的服务器或 IIS 服务器上。

5. 场景视图（以申请订票为例，如图 6-34 所示）

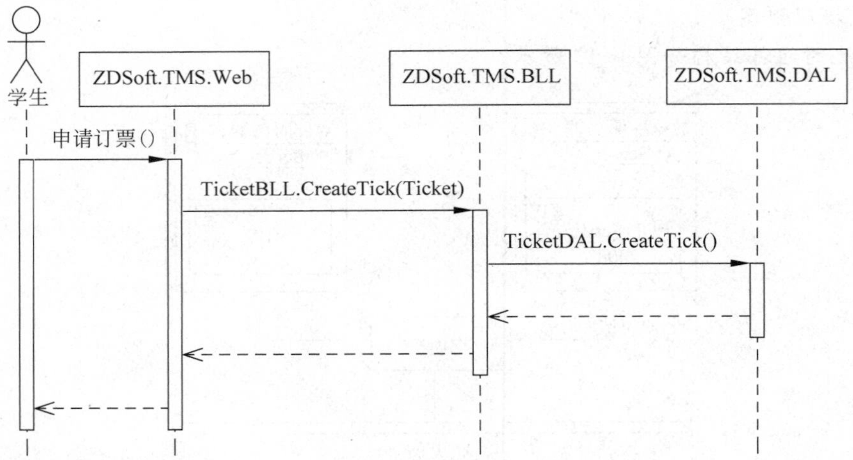

图 6-34　申请订票的场景视图

本章小结

架构设计是一个新名词，它从整体上表达了如何完成该软件需求，并使用包图描述了系统的层次结构，使用组件图描述与其他系统进行数据交互的接口，并使用部署图告诉系统开发人员及客户如何发布开发的系统。

最后，介绍了架构设计方法"4+1"，它是目前被广泛应用的架构设计方法，在面向对象程序设计方法中，可以使用不同的图形去描述它们。

习　　题

1. 选择题

(1)（　　）是对象与其他外部世界相互关联的唯一途径。

A. 消息传递　　B. 状态转换　　C. 接口　　D. 函数调用

(2) 在 UML 中，（　　）可以对模型元素进行有效地组织，如类、用例、构件，从而构成具有一定意义的单元。

A. 组件　　B. 包　　C. 节点　　D. 连接

(3) 用于对面向对象系统的物理方面建模进行描述图形是（　　）。

A. 部署图　　B. 对象图　　C. 包图　　D. 类图

(4) 包图中的关系有两种：依赖关系和（　　）。

A. 聚合关系　　B. 包含关系　　C. 组合关系　　D. 泛化关系

(5) 在包图中，依赖关系又可以根据不同的使用场景分为 import(引入)和（　　）。

A. 组合　　B. 抽象

C. 泛化　　D. merge(合并)

(6) 在 UML 中，组件所实现的接口称为（　　），用一个棒棒糖表示。

A. 抽象　　B. 需接口　　C. 供接口　　D. 服务

(7) 在 UML 中，一个组件可以提供多个接口，组件所使用的接口称为（　　），用一个半圆和连接线表示。

A. 抽象　　B. 需接口　　C. 供接口　　D. 服务

(8)（　　）是软件开发过程中的产物，包括过程模型(例如用例图、设计图等)、源代码、可执行程序、设计文档、测试报告、需求原型、用户手册等。

A. 物件　　B. 文档　　C. 包图　　D. 组件图

(9)（　　）是存在于运行时的、代表计算机资源的物理元素，可以是硬件也可以是运行其上的软件系统。

A. 设备　　B. 节点　　C. 硬件　　D. 组件

(10)（　　）用于刻画组件之间的相互关系，将 4 个视图有机地联系起来。可以描述一个特定的视图内的组件关系，也可以描述不同视图间的组件关系。

A. 物理视图　　B. 开发视图　　C. 场景视图　　D. 逻辑视图

2. 问答题

(1) 在 UML 建模中，包图的作用是什么？

(2) 在传统的 3 层结构开发中，有表示层(UI)、业务逻辑层(BLL)和数据访问层(DAL)，请用包图绘制它们并标识它们之间的依赖关系。

(3) 在奖学金管理系统中，需要调用学生信息管理系统中的接口访问学生信息，请用组件图绘制它们之间关系。

(4) 什么是架构设计?

(5) 预将开发的企业信息管理系统发布到安装有 Tomcat 的 Web 服务器上,请绘制部署图。

(6) 在"4+1"视图方法中,逻辑视图关注什么内容?

(7) 在"4+1"视图方法中,什么是开发视图?

(8) 在 UML 分析与设计中,一般用什么图形反映架构的物理视图?

(9) 在 MIS 系统中,一般会用到哪些视图?

第7章

分析与设计

Chapter 7

本章任务

制作《用例实现规约说明书》。

知识目标

(1) 掌握类图基本概念及使用方法。
(2) 了解对象图的作用及使用方法。
(3) 掌握状态图的作用及使用方法。
(4) 掌握顺序图的作用及使用方法。
(5) 了解协作图的作用及使用方法。

能力目标

(1) 能使用类图描述静态结构和关系。
(2) 能使用状态图、顺序图、协作图描述对象之间的动态行为。
(3) 能根据模板制作《用例实现规约说明书》。

7.1 概　述

在RUP中,软件系统生命周期可划分为业务建模、需求分析、分析与设计、实现、测试及部署等阶段。前面讲解了需求分析的方法,本章将详细地介绍软件分析与设计的相关知识,并结合火车票订购管理系统的部分功能和案例,讲解UML中对象图、类图、状态图、顺序图、协作图等工具的使用方法,最后实现《用例实现规约说明书》。

7.1.1 简介

面向对象的软件工程同传统的面向过程的软件工程相比,在需求的获取、系统分析、设计和实现方面都有着很大的区别。UML是OOA和OOD的常用工具。使用UML来构建软件的面向对象的软件工程的过程,就是一个对系统进行不断精化的建模的过程。这些模型包括需求(Requirement)模型、问题域(Domain)模型、设计(Design)模型、实施

(Implementation)模型。然后,需要使用具体的计算机语言来建立系统的实现模型。当然,在整个软件工程中,还需要建立系统的测试(Test)模型和部署(Deployment)模型,以保证软件产品的质量。

使用面向对象的工具来构建系统,就应该使用面向对象的软件工程方法。然而,人们经常会发现,在实际的开发过程中,很多开发人员虽然能够理解 UML 的所有图形,却仍然不能得心应手地使用 UML 来构建整个项目。其很大的原因是仍然在使用原有的软件工程方法,而不清楚如何使用 UML 来建立系统的这些模型,不清楚分析和设计的区别,以及它们之间的转化。

应用软件系统是使用计算机对现实世界进行的数字化模拟,应用软件的制造过程是建立这一系列模型的过程。火车票订购管理系统,包含学生订票、订票统计、到票录入、学生领票等功能。本章就如何使用 UML 工具来完成相关设计做一个探讨,着眼于使用 UML 进行建模的过程,说明各个层次的模型之间的区别和联系,展示系统演进的过程。而对于更加复杂的系统,其分析和设计的方法是相通的,可以举一反三。

7.1.2 目的

在开发软件的过程中,开发者在手动编写程序之前需要研究和分析与软件相关的诸多复杂和纷乱的问题。例如,用户需求的准描述问题,功能与功能之间的关系问题,软件的质量和性能问题,软件的结构组成问题,建立几十个甚至几百个程序或组件之间的关联问题等。所以,软件系统的开发是一个非常复杂的过程,它们之间的复杂程度不比任何一项大型的复杂土木建设工程逊色。但是,在这个复杂的开发过程中人们最关注的还是开发组之间的交流问题。在软件工程开发中,消除技术人员与非技术人员之间、不同的开发人员之间、不同功能使用者之间等交流障碍是软件开发成功的关键。直观的软件模型将有助于软件工程师与他们进行有效的交流。

在软件的需求分析中,用户和系统所属领域的专家更熟悉将要构建的系统功能,称他们为领域专家(Domain Expert)。他们提出软件系统在这个领域中所需要的具体功能。所以,软件设计者可以通过建立需求模型来实现技术人员与非技术人员之间的交流。

在软件的设计过程中,设计人员首先要把描述系统功能需求的自然语言形式转化为软件程序的形式,在这个转换过程中,设计人员要借助许多模型和工具来完成最终的程序设计模型。这些中间辅助模型包括系统的行为模型、对象的状态和行为模型。如果这些模型都是严格遵循同一建模语言标准而建立的,那么,无论开发人员具有多么不同的开发条件和技能,他们都可以理解软件设计,并且进行有效交流。

在软件的实施、测试和部署中,模型为不同领域的技术人员在软件和硬件的实施、测试和部署中提供有效的交流平台。

最后要强调的是,在各种软件中,软件模型是最有效的软件文档保存形式,软件模型在开发团队人员的培训、学习和知识的传递与传播等方面起着非常重要的作用。

所以,在软件开发中需要建立需求模型、问题域模型、设计模型、实施模型、测试模型和部署模型。可见,在系统开发生命周期中,需要从多角度来建立模型才能全面、准确地分析和设计软件系统。

7.2　分析与设计常用工具

7.2.1　类图

类图是描述类、接口以及它们之间的静态结构或关系，用于描述系统的结构化设计。

类图的结构包括属性和操作。

类图的关系包括关联、依赖和聚合等。

1. 类的表示

类是面向对象系统组织结构的核心，是对一组具有相同属性、操作、关系和语义的对象的描述。其中，属性和关系用来描述状态，行为由操作来描述，方法是操作的实现。对象的生命周期则由附加给类的状态机来描述。

(1) 方法

在 UML 中，类用矩形来表示，该矩形被划分为 3 个部分：类名、属性和方法，如图 7-1 所示。

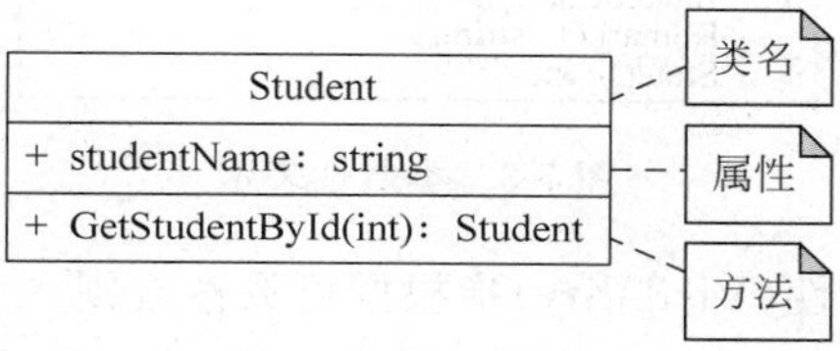

图 7-1　简单的类

(2) 类名

在 UML 中，类的名称是不可省略的，其他部分如属性和方法可以根据类图的使用目的而省略。在系统的分析设计阶段，可以用任何语言为类命名。但是，一般用英语，因为这样可以直接与编程对应，因为命名的规则是类名的首字母大写。如果类名包含多个单词，应该把每个单词的首字母都大写。需要注意的是，正体字书写的类名说明类是可被实例化的类，即具体类(Concrete Class)，斜体字说明类是抽象类(Abstract Class)，接口(Interface)则用构造型的方式来表示。如具体类 Student、抽象类 *OrderTicket* 和接口 IOrder 的命名，如图 7-2 所示。

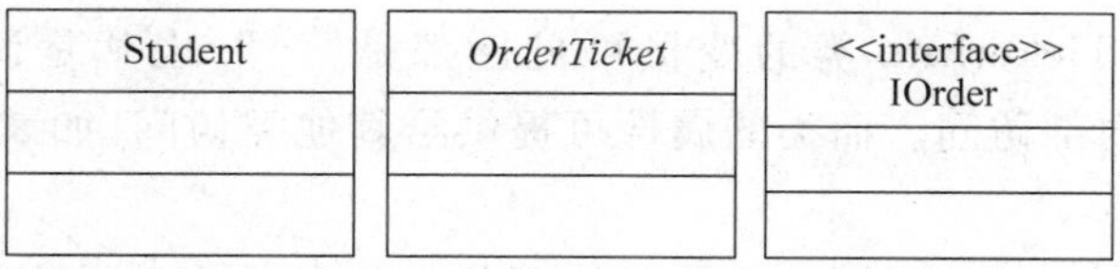

图 7-2　类名的表示方法

(3) 属性

属性是类的一个组成部分，描述了类在软件系统中代表的事物(即对象)所具备的特性，这些特性是所有的对象所共有的，它可以确定并区分对象以及对象的状态。一个属性一般都描述类的某个特征，因此可以用来识别某个对象。类可以有任意数目的属性，也可以没有属性。

① 在 UML 中，类属性的语法为

可见性 / 属性名 : 类型 [多重性] = 初始值 { 特性描述和约束特性 }

visibility / name : type [multiplicity] = default { property strings and constraints }

上述语法都采用了斜体字，说明表示属性的语法的每一个部分都是可以省略的。图 7-3 给出了 BookTicketInfo 的类图属性表示。

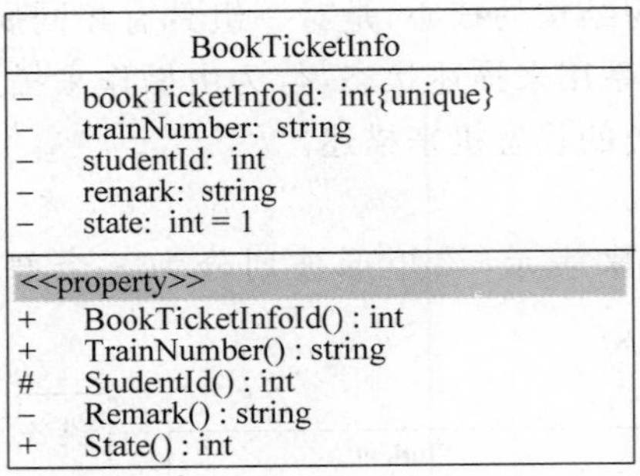

图 7-3 类属性表示

② 可见性说明。可见性(Visibility)指根据可见性规则，一个方法或属性是否能被另一个方法访问。UML 中属性及方法的可见修饰说明见表 7-1。

表 7-1 UML 中可见修饰词对应 C# 中的访问控制符

UML 符号	描 述	C# 访问控制符
+	具有公共可见性，可以被所有类访问和使用	Public
#	受保护的可见性，被同一个包中的其他类、不同包中该类的子类及该类本身访问和引用	Protected
~	包级可见性，只能被同一个包中的其他类访问引用，不在同一个包中的类不能访问它	Internal
–	私有可见性，该类的属性和方法只能被自身所访问。它对属性和方法提供了最高级别的保护	Private

图 7-3 中 BookTicketInfo 类的变量可见性都是“–”，也就是说，这些属性只能在 BookTicketInfo 类内部访问。而类的属性可提供给其他类访问，如属性 TrainNumber 是公共可见性的。

③ 命名规则。在一般情况下，属性名使用英文的名称或动词表示，且单词首字母应小写，如果属性名包含了多个单词，这些单词要合并，除了第一个单词外其余单词的首字母均要大写。如图 7-3 所示 BookTicketInfo 类中的所有属性均符合这样的命名规则。在实际的软件设计过程中，命名规则通常与团队或公司的《命名规范》有关，可根据实际情况灵活应用。

④ 多重性。多重性(Multiplicity)指明该属性类型有多少个实例被关联类所引用,也可以理解为对象之间的包含与属于关系。其表示方法为

```
多重性 ::= [低…高]
```

```
multiplicity ::= [lower...upper]
```

多重性的表示可以是一个简单的整数,也可以是用“..”分开的一个值的范围来表示多重性的确切上限和下限,如多重性“1..5”表示此属性类型至少有1个或最多5个实例被关联类引用。

多重性默认为1,用“*”表示多重性的上限,说明上限是无限的,如果仅放置一个“*”表示多重性,则说明多重性为0个或多个,下面是多重性表示方法的含义。

- 1:只有1个。
- 0..1:0或1个。
- 0..*或*:任意多个。
- 1..*或*:1个或多个。
- 1..3或5:确切数目,如1～3个,或则只有5个。
- 0..2,4..6,8..*:更复杂的表示方法,表示除3或7外的任意多个数目。

如图7-4所示类图,Student类与ClassInfo类之间的关系用多重性来表示可理解为:一个学生(Student)只能属于一个班级(ClassInfo),或者说Student类对象引用了一个ClassInfo类实例,所以ClassInfo类的多重性应表示为“1”;一个班级(ClassInfo)可以包含多个学生(Student),或者说ClassInfo类对象引用了多个Student类实例,所以Student类的多重性应表示为“*”;班级(ClassInfo)与课程(Course)的之间关系为相互包含,即一个班级中开设了多门课程(ClassInfo类对象引用了多个Course类实例),一门课程在多个班级中都被开设了(Course类对象引用了多个ClassInfo类实例),所以它们之间的多重性都是“*”。

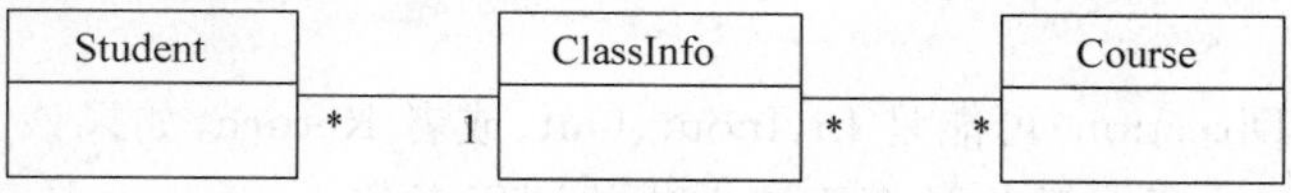

图7-4 类的多重性

多重性是UML类图中很重要的一个概念,这里只是让大家初步掌握多重性的理解方式,本章还会在后面的类图实例中对多重性的理解及使用作详细说明。

⑤ 默认值。有时候需要在程序中为某个属性设置默认值,如图7-3所示中State的默认值是1,表示当前票的默认状态为“预订状态”。

⑥ 属性字符。属性字符用于说明属性具有其他的性质,经常用特殊的文本指明,如用readOnly属性表示当前属性是只读的,用unique属性表示唯一性,即不允许当前属性值有重复。如图7-3所示中的bookTicketInfoId属性。

⑦ 约束。约束(Contraint)表示对属性的约束和限制,通常是用“{}”括起的布尔类型的表达式。更多的时候,更愿意在注释(Note)中说明约束,然后用虚线将其与它说明的

属性连接起来。

(4) 方法

类的方法(Method)说明了类做了什么操作。在类的矩形框的方法区域内,UML 的描述语法为

[可见性] 方法名 [(参数表)] [:返回值类型] [{约束特性}]

```
visibility name ( parameter list ) : return - type { properties }
```

在画类图的时候没有必要将全部的属性和方法都画出来。实际上,也不可能将类的所有属性和方法都画出来,而是将感兴趣的属性和方法画出来就可以了。图 7-5 给出了订票费用类 BookTicketPay 的方法描述。

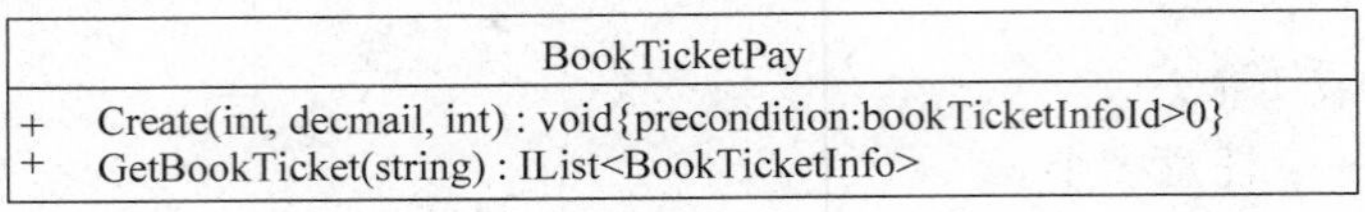

图 7-5 类 BookTicketPay 的方法表示

① 可见性。方法的可见性分别用+、#、~、-表示 Public、Protected、Package 和 Private 4 个不同级别,其含义在表 7-1 中已经给出。

② 方法名。类的方法名一般采用英文的动词或动名词表示,并且首字母应大写,如果方法中包含多个单词,每个单词的首字母都应该大写。如创建操作表示为 Create,订票则用 BookTicket 表示。

③ 参数列表。方法的参数列表中如果没有参数,则参数列表可以省略,但空括号还需要保留。参数列表的格式为

方向 参数名 : 类型 [多重性] = 默认值 { 特性 }

```
direction parameter_name : type[multiplicity] = default{properties}
```

参数的方向(Direction)可能是 In、Inout、Out、或者 Return,如果该关键字不存在,则方向默认为 In。In 表示参数将被调用该方法的调用者传入;Inout 表示参数将被调用者传入,经当前方法修改后返回给调用者;Out 参数表示参数不会被调用者设定,但是将被当前方法修改后传回;Return 表示参数的值将会作为返回值传回给调用者。参数的命名方式跟属性的命名一致。

上面格式中,type 为参数的类型;multiplicity 表示多重性;default 表示参数的默认值;properties 是指与参数相关的特性,此部分将在后面的特性部分给出详细解释。在方法名及其参数类别与方法返回值类型之间用冒号隔开,各个参数之间用逗号隔开。

④ 返回值。如果方法没有返回值,则 Return-Type 为空。

⑤ 特性。特性(Properties)用于说明方法具有的其他性质,代表附加在元素上的任何可能值,常用的特性包括 Precondition、Postcondition、Query、Exception 和 BodyCondition 等。Precondition 指明和一个方法被调用前系统必须处于的状态;

Postcondition 指明一个方法被调用后处于的状态；Query 说明方法将不对类的属性做修改，当前方法仅是一个查询方法；Exception 指明方法可能引起的异常；BodyCondition 对方法的返回值做约束。图 7-5 中的 Create 方法就使用了 Precondition 特性，要求方法执行前必须满足的条件是 BookTicketInfoId ＞ 0。

2. 类之间的关系

类除了上面的用属性和方法表示外，还需要用关系（Relationship）来表示类之间的关系。类的关系有以下 4 种。

（1）关联关系

关联（Association）是类之间的一种连接关系，表示一个对象拥有另一个对象，指两个类之间的 has a 的关系，关联类之间用一根线实现来表示，图 7-6 是一个类关联的简单例子，它表示 Stduent 类拥有 BookTicketInfo 类，ClassInfo 类也拥有 Student 类。

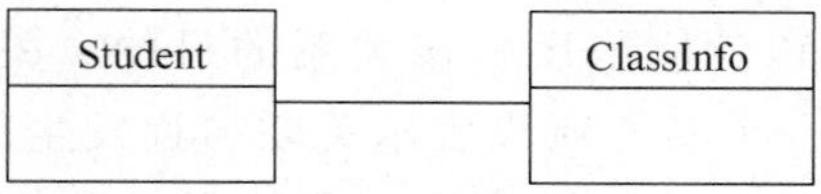

图 7-6　类的关联

具有关联关系的类互为成员变量，也就是说，为了表示 Student 和 ClassInfo 之间的关联关系，要在 ClassInfo 类中定义一个 Student 类的成员变量，在 Student 类中也定义一个 ClassInfo 类的成员变量。用 C# 或 Java 表示的代码如下。

```
public class Student{
    ClassInfo classInfo;
}
public class ClassInfo{
    Student stu;
}
```

为了能更够表现现实世界之间的关联关系，关联需要更多的属性。图 7-7 展示了 Student 和 ClassInfo 两个类之间带有属性的关联关系。

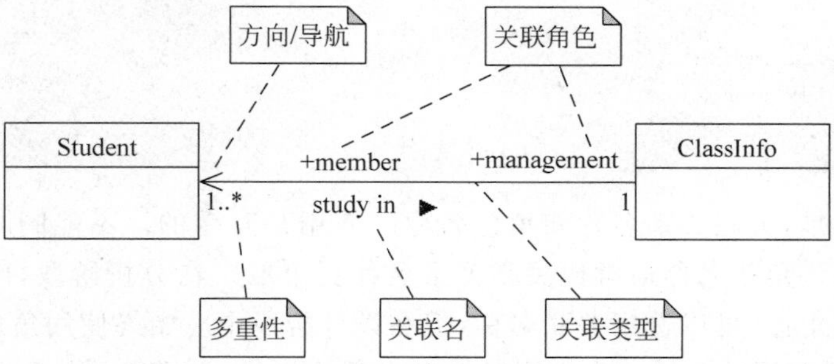

图 7-7　关联的属性

① 关联的方向/导航。描述的是一个对象通过链（关联的实例）进行导航访问另一个对象，即对一个关联端点设置导航属性意味着本端的对象可以被另一端的对象访问，在

UML中用带箭头的实线来表示关联的方向。如果模型中关联不指明方向，则默认关联是双向的。

图7-7的关联关系表示班级拥有学生，这是一种单向关联，在用C#或Java实现的代码中Student被设计为ClassInfo类中的一个成员变量，代码如下。

```
public class Student{
}
public class ClassInfo{
    Student[] student;
}
```

② 关联名。关联的名称并不是必需的，只有需要明确地给关联提供角色名，或一个模型存在很多关联且要查阅、区别这些关联时，才有必要给出关联名称。如果使用关联关系名称，关联关系名称就应该反映该关系的目的。关联关系名称应放在关联关系路径上或其附近，并且用一个实心箭头表示关联名称发生的方向。图7-7中，Student类和ClassInfo类的关联名为study in。关联名称是不出现在编码中的，它不能被映射为代码。

③ 关联角色。关联关系的两端为角色，角色规定了类在关联关系中所起的作用。每个角色都有名称，而且对应一个类中所有角色的名称都必须是唯一的。角色名称是一个名词，以描述在特定的环境中关联的行为或职责。关联角色是对一个关联的特殊说明，关联角色的名称应该能表达被关联关系对象的角色与关联关系对象之间的关系，也就是说，关联的命名应根据类在关联关系中为与它相关联的类做了什么，而不是根据这个类本身是什么。

图7-7的关联关系中，member和management都是关联角色。其中ClassInfo类中拥Student类对象，对应的关联角色为member，在对应的C#或Java代码中，ClassInfo类中包含Student类的对象，对象名为角色名member，因为是单向关联，所以Student类中不能包含ClassInfo类的对象，代码如下。

```
public class Student{
}
public class ClassInfo{
    Student[] member;
}
```

值得注意的是，关联关系名称和角色名称的使用是互斥的。不能同时使用关联关系名称和角色名称。角色名称通常比关联关系名称更可取。在分析阶段，因为没有足够的信息来争取命名角色，可以选用关联名称，但在设计阶段中应始终使用角色名称。

④ 多重性。多重性表示一个类同时拥有实例的数目，它描述的是一个类的多少对象与另一个类的一个对象关联，可用一个单一的数字或一个数字序列表示。多重性应放在被拥有类的附近。

图7-7中，班级与学生之间的多重关系表示为一个班级可以拥有多名学生，而一个学

生只能在一个班上课。或者这么说，班级类中包含多个学生类的实例，而学生类中只包含一个班级类的实例。

⑤ 关联类型。关联指两个类之间的 has a 的关系，但世界中的 has a 关系却可以进一步细分。例如一辆汽车有车轮和车篷，但是车轮和车篷对于汽车来说并不是同等的重要。一辆汽车可以没有车篷，但不能没有车轮。可见，关联所表示的 has a 关系是有强弱的，根据这种强弱，关联关系可再分为一般关系、聚合和组合。

一个学生只能属于一个班级，这种关系可以将其表示为一般关系，如图 7-7 所示。

聚合关系(Aggression)是一种强类型的关联，它表示是什么的一部分(is the part of)或者拥有一个(owns a)的关系，是一个装配件类与某个部件类相关联的一种关系，带有多种部件的装配件应包含多个聚合。

关联与聚合之间的区别是比较模糊的，关联是否应该建模成聚合并不能很明显地表达，何时选择使用聚合，没有统一的规定。通常，建模需要经验的判断，并在建模过程中保持一致的意见，这样聚合和普通关联之间的区分就不会产生问题。

正是因为关联与聚合之间有着模糊的区别，UML 中又包含了一种更强类型的聚合——组合。这样，UML 就包含了两种类型的部分——整体关系，两个对象按照部分——整体关系绑定的普通形式称为聚合，有更多限制的形式称为组合。

组合(Composition)是一种比聚合更强形式的组合。组合意味着整体与组成部件之间是互不可分的关系，作为整体的类会因为拥有某个部分的类而存在，否则也会消失。例如 Windows 系统中窗口包括标题(Title)、工具栏(Toolbar)、内容区(Content)等。其中标题和内容区对窗口来说是必需的，它们与窗体之间的关系被建模为组合，而工具栏不是必需的，它与窗口之间的关系建模为聚合。

在 UML 中，用实心的菱形表示组合，用空心的菱形表示聚合。窗口类图建模如图 7-8 所示。

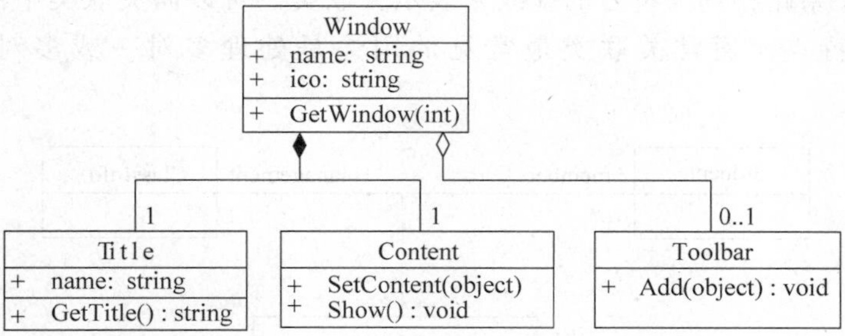

图 7-8 组合与聚合

在关联关系中，除了以上讲解的内容外，还有以下几点值得注意。

⑥ 自关联。自关联(Self-Association)指一个类与其自身存在的一种关联关系。也就是说类的某个实例与该类的其他实例之间存在关联关系。

例如一名学生与班上的其他学生之间存在关联关系，从图 7-9 可以看出，这名学生的角色是班长，负责管理班上的其他角色为 member 的学生。由于学生知道他们的班长，而班长也知道班上的其他学生，所以该关系是能够双向导航的。

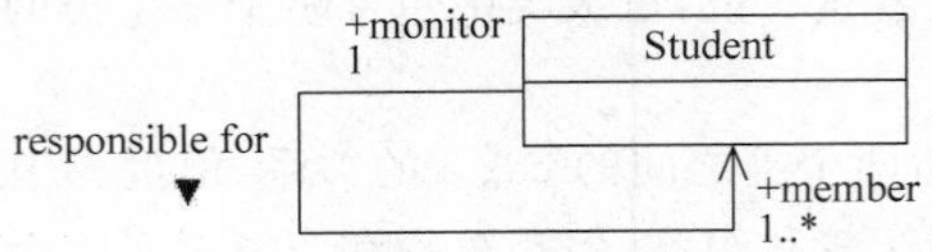

图 7-9　自关联

⑦ 关联类。考虑下面的情况，如图 7-10 所示。

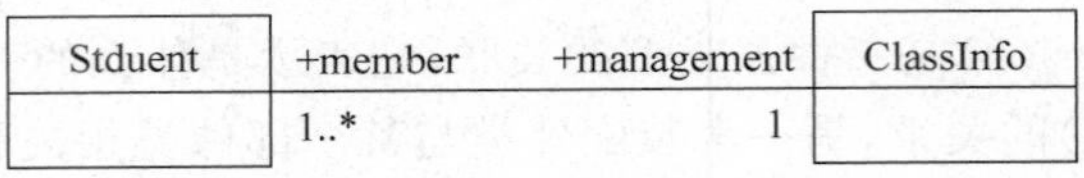

图 7-10　Stduent 与 ClassInfo 的关联

需要记录学生加入该班级的时间以及学生在班上的职务等信息，那么加入班级的时间及职务的属性应该属于 Student 类还是 ClassInfo 类呢？

要解决这个问题最好的办法就是创建一个 StuClass 类，将学生加入班级的时间和职务等信息保存在该类中，这样的类称为关联类(Association Class)，如图 7-11 所示。

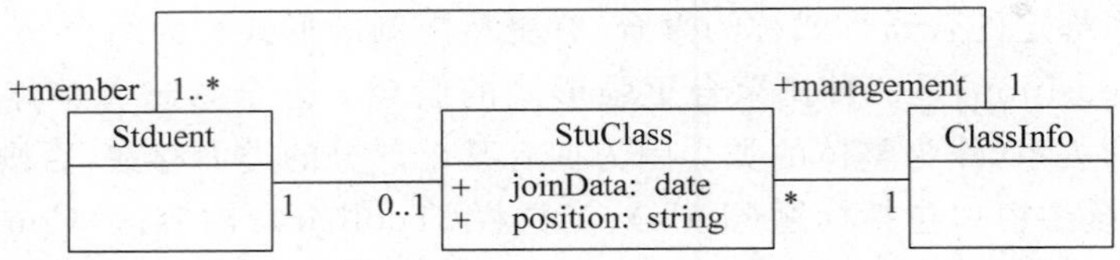

图 7-11　关联类 StuClass

在图 7-11 中会给人一种假象，好像是 Student 类与 StuClass 类关联，StuClass 类又与 ClassInfo 类关联，未能直观表示关联类。那如何能有效识别关联类呢？在 UML 中，用一条从关联关系路径到类符号的虚线来表示关联类。可以向关联类中添加属性、方法或其他关联的特点。通常关联类最常见的用途是处理多对一或多对多的关系，如图 7-12 所示。

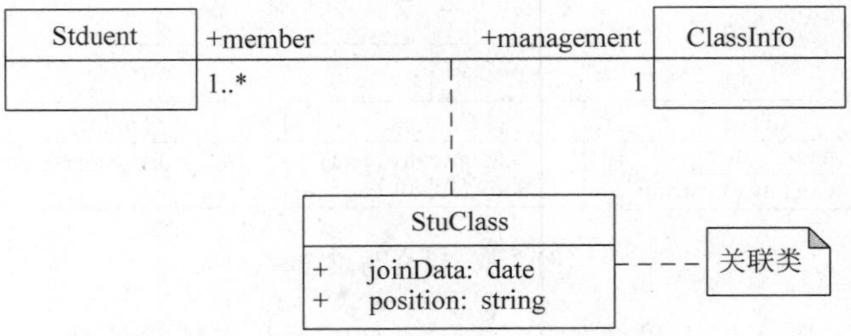

图 7-12　关联类

根据图 7-12 创建类的时候，Student 类中将包含一个 StuClass 类的成员变量，ClassInfo 类中也包含一个 StuClass 的成员变量，但 Student 类中将不再包含 ClassInfo 类的成员变量，同样，ClassInfo 类中也不在包含 Student 类的成员变量。用 C# 或 Java 实现的代码如下。

```
publc class Student{
    StuClass sClass;
}
public class ClassInfo{
    StuClass sClass;
}
```

⑧ 限定关联。两个类之间存在关联关系，但其中一个类与另一个类的一部分实例存在关联关系，而与另一部分实例不存在关联关系，这就涉及了两个类发生关联关系的资格问题，称为限定关联(Qualified Association)。在类图中，用限定符表示限定关系、限定符的表示方法为在关联线靠近源类的一端绘制一个小方框，这个小方框可以安置在源类的任何一侧，这样，源类加上限定符就产生出目标类。

在火车票订购管理系统中，学生只有把火车票的余款补足后才能领取火车票，在系统中表示学生已经领取票的处理方式是修改火车票的状态为“已领票”。在类图中，为了能表示出这样的关系，可以在关联关系中添加限定符 cost analysis(费用检查)，表示火车票的领票状态与费用之间的关系是通过 cost analysis 来体现的，如图 7-13 中 BookTicketPay 类为学生预订火车票的相关费用信息，BookTicketState 类为火车票的状态信息，只有当 BookTicketPay 类中 prePay＋payMoney＝ticketPrice 的时候，才可修改类 BookTicketState 中 ticketSate 为“已领取”。

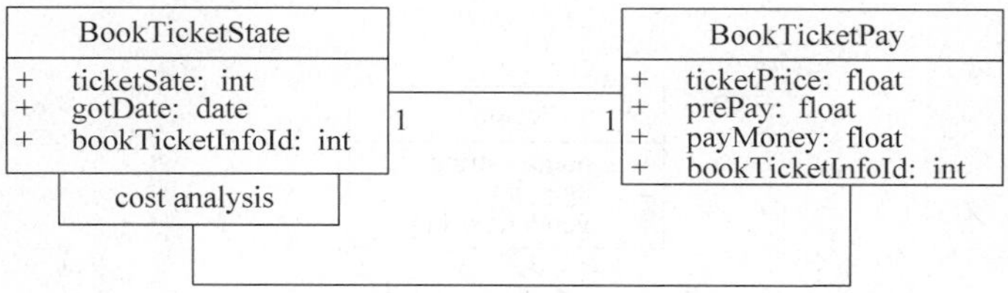

图 7-13 限定关系

需要注意的是，在图 7-13 所表达的限定关系中，在设计类的时候，Student 类的其他属性可以根据情况省略，但 cost analysis 属性一定不能省略。

⑨ 关联上的异或约束。具有一个公共类的二元关联之间可能存在异或约束，把这种结构称为 xor 关联，如图 7-14 所示。

UML 把 xor 关联表示成连接两个或者多个关联的虚线，虚线上标有约束串{xor}。xor 关联表明：对于公共类的任何单一实例，一次仅可实例化多个潜在关联中的一个关联，即某个时刻只有一个关联实例。图 7-14 例子表明关联类 BookTicketState 中有一个 Student 类的成员变量，或者有一个 Teacher 类的成员变量，不可能同时拥有 Student 类和 Teacher 类的成员变量，或者是没有任何 Student 类和 Teacher 类的成员变量。xor 也可以通过泛化的方式来表达，图 7-15 展示了 xor 的用泛化表达的另一种方式。

⑩ 泛化。泛化(Generalization)是指父类与其一个或多个子类之间的关系。父类拥有公共属性、方法和关联之外，还具有自己的特征，每个子类继承(Inherit)父类的特征。类之间存在相似性和差异性，应用泛化，子类共享定义在一个或多个父类的结构和行为。

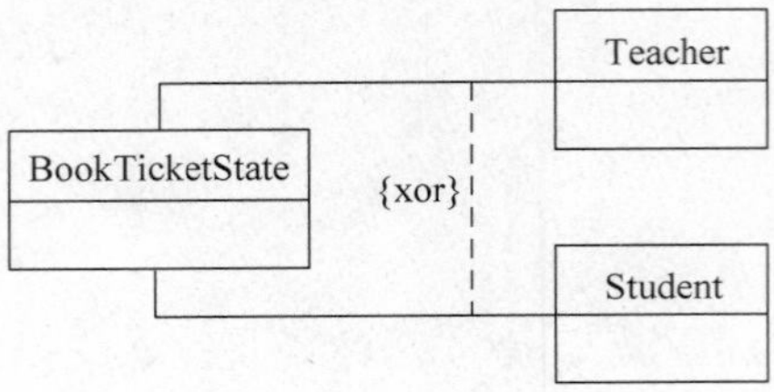

图 7-14 xor 关联

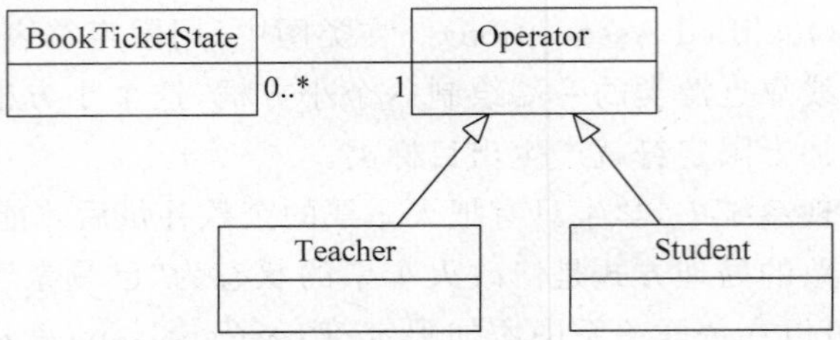

图 7-15 用泛化表示 xor

泛化形式被称为是一种什么的(is a kind of)关系。

在 UML 中,泛化关系被表示为一个带有空心三角箭头的线段。通常把泛化关系组织成一棵树,箭头所指向的是父类。从父类到子类的方向被称为特化(Specialization),如图 7-16 所示。

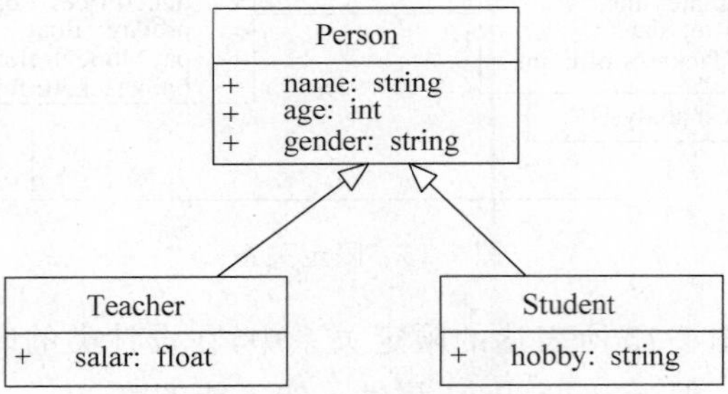

图 7-16 类的泛化

例子中,Teacher 类和 Student 类都是 Person 类的一种类型,在这组类中,因为它们都有一组相同的属性和方法,所以把这组属性和方法定义在一个类中,并把它们自己的关系定义为泛化。父类是一般的元素,子类则是更特殊的元素,在 C# 中用冒号关键字来表示这样的关系,代码如下。

```
public class Person{
    public string name;
    public int age;
    public string gender;
}
public class Teacher : Person{
```

```
    public float salar;
}
public class Student : Person{
    public float hobby;
}
```

在 Java 中用 extends 关键字表示泛化关系，代码如下。

```
public class Person{
    public string name;
    public int age;
    public string gender;
}
public class Teacher extends Person{
    public float salar;
}
public class Student extends Person{
    public float hobby;
}
```

(2) 实现

在 UML 中，有一个专门的建模元素可以用于对类或部件所提供的服务进行描述，这就是接口(Interface)。UML 接口描述的是一系列的方法，这些方法为一个类或部件规定了其必须提供的服务。

接口被建模为实现(Realization)关系，实现关系将一种建模元素(例如类)与另一种建模元素(例如接口)链接起来，由实现关系指定二者之间的一个合同(Contract)，一个建模元素定义了一个合同，而另一个元素保证履行该合同。也就是说，关系中的一个模型元素只具有行为的定义，而行为的具体实现规则是由另一个建模元素来给出的。

在 UML 中是用虚线加上空心的箭头来表示实现关系。关系中的箭头由实现接口的类指向被实现的接口，如图 7-17 所示。

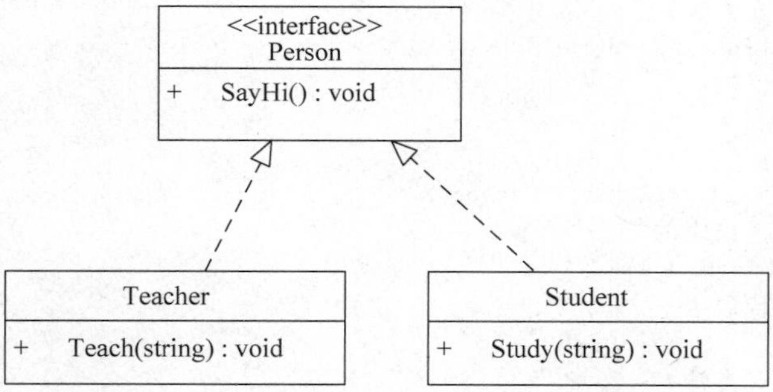

图 7-17 类的实现关系

接口只是行为的定义而不是结构的实现，接口中的属性都是常量，方法都是抽象方法，没有方法体。在 C# 中，实现关系用冒号来表示，对应的代码如下。

```
public interface Person{
    void SayHi();
}
public class Teacher : Person{
        //实现接口中的方法
    public void SayHi ( ){
        //实现代码
    }
        //自定义方法
    public Teach(string courseId){
        //实现代码
    }
}
public class Student : Person{
        //实现接口中的方法
    public void SayHi ( ){
        //实现代码
    }
        //自定义方法
    public Study(string courseId){
        //实现代码
    }
}
```

在 Java 中，实现关系用 implements 关键字来表示，对应的代码如下。

```
public interface Person{
    public void SayHi();
}
public class Teacher implements Person{
        //实现接口中的方法
    public void SayHi ( ){
        //实现代码
    }
        //自定义方法
    public Teach(string courseId){
        //实现代码
    }
}
public class Student implements Person{
        //实现接口中的方法
    public void SayHi ( ){
        //实现代码
    }
        //自定义方法
    public Study (string courseId){
        //实现代码
    }
}
```

在 UML2.0 中可以将图 7-17 用更简单的方式表示为图 7-18 的形式，人们把这种方式称为棒棒糖(Lollipop)。它是一个供接口，是类提供的对外接口，它表示类能够提供服务，然后可以在类图的某个地方定义 Lollipop 表示接口。

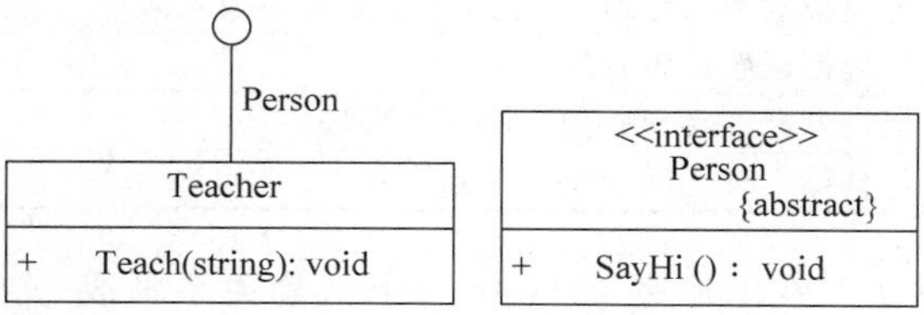

图 7-18 用 Lollipop 表示接口

(3) 依赖

依赖(Dependency)是两个事物间的语义关系，其中一个事物(称为服务的提供者)发生变化，会影响到另一个事物(称为客户或服务的使用者)，或向它(客户)提供所需信息。在类与类之间应用依赖关系，表明了一个类使用另一个的方法或一个类使用其他类所定义的属性和方法。

UML 中定义了 4 类基本的依赖类型，分别是使用(Uage)依赖、抽象(Abstraction)依赖、授权(Permission)依赖和绑定(Binding)依赖。

使用依赖是一种非常直接的依赖，它通常表示使用者使用服务提供者提供的服务，实现它的行为。可选择的使用依赖关键词有 use、call、send、parameter 和 instantiate 等。

抽象依赖建模表示使用者和提供者之间的关系，它依赖于在不同抽象层次上的事物。可选的抽象依赖关键词有 trace、rerfine 和 derive 等。

授权依赖表达了一个事物访问另一个事物的能力。提供者可以规定使用者的权限，这是提供者控制和限制对其内容访问的方法。可选择的绑定依赖关键词有 access、import、和 friend 等。

绑定依赖，用于绑定模板创建新的模型元素，可选择的绑定依赖关键词主要有 bind。

表 7-2 给出了 UML 基本模型中的一些依赖关系、关键词和它们的含义。

表 7-2 主要的依赖关系

依赖名称	关键词	含 义
使用	use	客户需要用到使用者才能正确实现功能(包括调用、实例化、参数、发送)
调用	call	一个客户的方法调用提供者的方法
发送	send	信号发送者和信号接收者之间的关系
参数	parameter	含有该参数的操作或含有该操作的类到该参数的类之间的关系
实例化	instantiate	客户是使用者的实例
跟踪	trace	不同模型中的元素之间存在的一些连接
精华	refine	具有两个不同语义层次上的元素之间的映射，例如客户可能是一个设计类，而提供者可能是一个相应的分析类
衍生	derive	客户从使用者中被衍生
访问	access	允许一个包访问另一个包的内容
导入	import	允许一个包访问另一个包的内容并为被访问包的组成部分增加别名

续表

依赖名称	关键词	含义
友元	friend	允许一个元素访问另一个元素，不管被访问的元素是否具有可见性
绑定	bind	为模板参数指定值，以生成一个新的模板元素
创建	create	客户创建了提供者的实例
允许	permit	提供者允许客户使用它的私有特性
实现	realize	与具体实现之间的映射关系

① 依赖的表示方法。在图形表示上，把一个依赖关系画成一条有方向的虚线，箭尾处的模型元素（客户）依赖于箭头处的模型元素。箭头上可带有表示依赖关系类型的关键字，还可以有名字，图 7-19 展示了火车票订购管理系统中预订的火车票状态要依赖于学生交的费用信息，只有支付了所有的票价，火车票的状态才会为"已领取"状态。

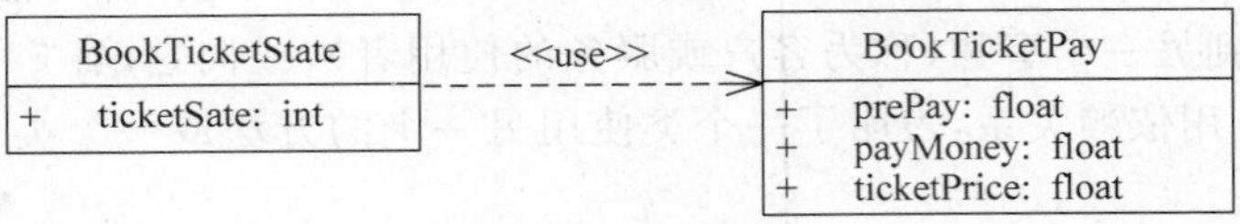

图 7-19　依赖的表示方法

② 依赖与关联。依赖是一种使用关系，它表示一个事物的变化可能影响到使用它的另一个事物。而关联是一种结构关系，它表示一个事物的对象与另一个事物的对象之间的相互关系。

依赖与关联最关键的区别在于，存在依赖关系的两个类 A 和 B，类 B 不是类 A 的成员的变量，而在关联关系的两个类 A 和 B，则类 A 中肯定有一个类 B 的成员变量。

3. 面向对象的设计原则

对于面向对象（OO）设计，主要是要求系统的设计结果要能适应系统新的需求变化，一旦需求发生变化，整个系统不用做变动或做很少的变动就可以满足新的需求。

（1）开闭原则

开闭原则指的是一个模块在扩展性方面应该是开放的，而在更改性方面应该是封闭的。这个原则说的是，在写模块的时候，应该尽量使得模块可以扩展，并且在扩展时不需要对模块的源代码进行修改。开闭原则最初是由 Bertrand Meyer 提出来的，在所有的 OO 设计原则中，这个原则可能是最重要的。

为了达到开闭原则的要求，在设计时要有意识地使用接口进行封装等，采用抽象机制，并利用 OO 中的多态技术。

考虑如图 7-20 所示的设计。

Hp 类、Epson 类、Canon 类分别表示不同类型的打印机，Output 类与这 3 个类都有关联。在系统运行时，Output 类根据当前与系统相连的是哪种类型的打印机而分别使用不同类中的 Print()方法。显然在 Output 类中会有复杂的 if…else（或 switch…case）之类的分支结构来判断当前与系统相连的是哪种类型的打印机。这是一种不好的设计，因为如果将来系统要增加一种新的打印机类型，例如 Legend 打印机，则不但要增加一个新

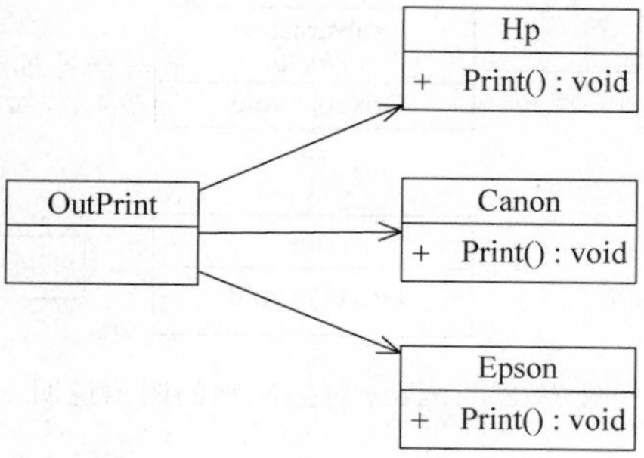

图 7-20　打印输出设计 1

的 Legend 类，还要修改 Output 类的内部结构。

也就是说，图 7-20 的设计不符合 OO 设计的开闭原则。如图 7-21 所示是改进的设计。

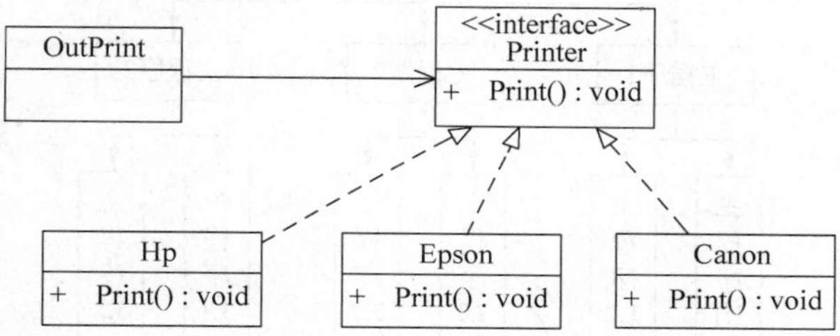

图 7-21　打印输出设计 2

图 7-21 中引入了接口 Printer，其中有一个方法 Print()。现在 Output 类只与接口 Printer 关联，在 Output 中有类型为 Printer 的变量 P。不管系统与哪种类型的打印机相连，输出时都调用 P. Print()方法。而 P 的具体类型在运行时由系统确定，可能是 Hp 类型的对象，也可能是 Epson 类型的对象或 Canon 类型的对象。现在 Output 类中不再有 if...else(或 switch...case)之类的分支结构，而且，如果系统要增加新的打印机类型，如 Legend 打印机，则只需增加 Legend 类，并且让 Legend 类实现 Printer 接口即可，而类 Output 内部不需要做任何改动。因此，图 7-21 的设计具有较好的可扩展性。

(2) Liskov 替换原则

Liskov 替换原则最早是由 Liskov 于 1987 年在 OOPSLA 会议上提出来的，这个原则指的是子类可以替换父类出现在父类能出现的任何地方。如图 7-22 所示是 Liskov 替换原则的图示说明。

在图 7-22 中，类 Driver 要使用类 Vehicle，Bus 是 Vehicle 的子类。如果在运行时，用 Bus 代替 Vehicle，Driver 仍然可以使用原来 Vehicle 中提供的方法，而不需要做任何改动。

利用 Liskov 替换原则，在设计时可以把 Vehicle 设计为抽象类(或接口)。让 Bus 继承抽象类(或实现接口)，而 Driver 只与 Vehicle 交互，运行时 Bus 会替换 Vehicle。这样可以保证系统有较好的可扩展性，同时又不需要对 Driver 做修改。

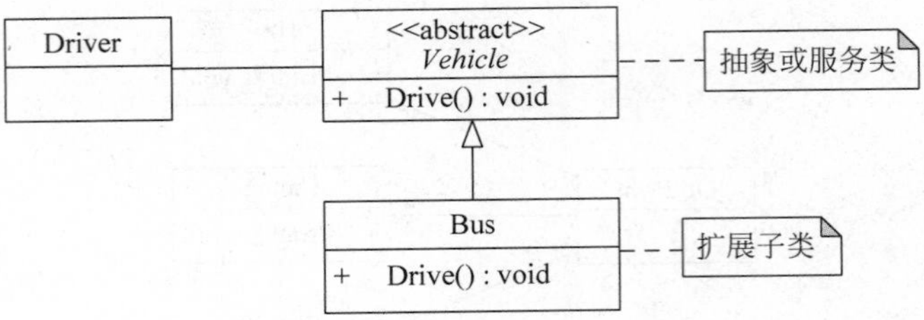

图 7-22 Liskov 替换原则的图示说明

(3) 依赖倒置原则

依赖倒置原则指的是依赖关系应该是尽量依赖接口(或抽象类),而不是依赖于具体类。为了说明依赖倒置原则,先看结构化设计中的依赖关系,如图 7-23 所示。

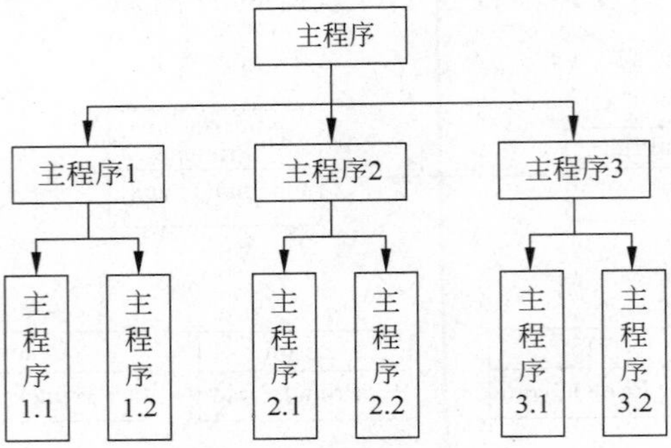

图 7-23 结构化设计中的依赖关系

在结构化设计中,高层的模块依赖于低层的模块。在图 7-23 中,主程序会依赖于模块 1、模块 2、模块 3,而模块 1 又依赖于模块 1.1、模块 1.2 等。在结构化设计中,越是低层的模块,越跟实现细节有关,越是高层的模块越抽象,但高层的模块往往是通过调用低层的模块实现的。也就是说,抽象的模块要依赖于与具体实现有关的模块,显然这是一种不好的依赖关系。

在面向对象的设计中,依赖关系正好是相反的,即与具体实现有关的类是依赖于抽象类或接口的,其依赖关系的结构一般如图 7-24 所示。

在面向对象设计中,高层的类往往与领域的业务有关,这些类只依赖于一些抽象类或接口,而与具体实现有关的类,如学生、管理员、权限验证、异常处理等类也只与接口和抽象类有关。当具体的实现细节改变时,不会对高层的类产生影响。

(4) 接口分离原则

接口分离原则指的是在设计时采用多个与特定客户类(Client)有关的接口比采用一个通用的接口要好。也就是说,一个类要给多个客户类使用,那么可以为每个客户类创建一个接口,然后这个类实现所有这些接口,而不要只创建一个接口,其中包含了所有客户类需要的方法,然后这个类实现这个接口。

如图 7-25 所示是没有采用接口分离原则的设计。

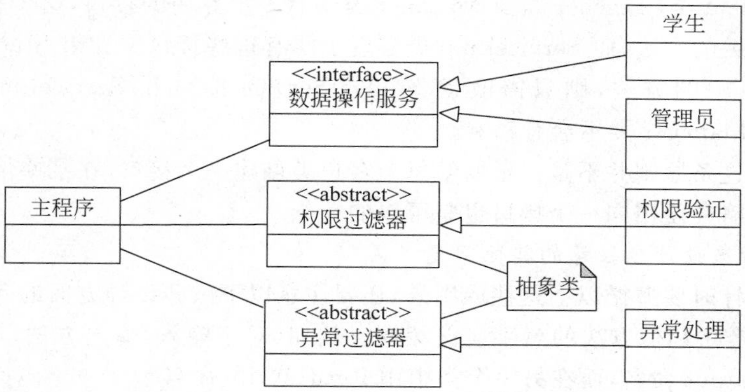

图 7-24 面向对象设计中的依赖关系

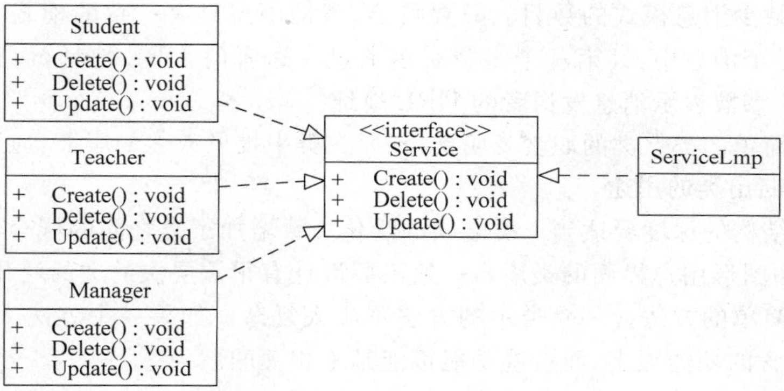

图 7-25 使用通用接口的设计

采用这种设计方法的问题是，如果 Student 类需要改变所使用的 Service 接口中的方法，则不但要改动 Service 接口和 ServiceLmp 类，还要对 Teacher 类和 Manager 类重新编译。也就是说，对 Student 的修改会影响 Teacher 和 Manager，因此图 7-25 的设计是一种不好的设计。

如图 7-26 所示是采用了接口分离原则的设计。

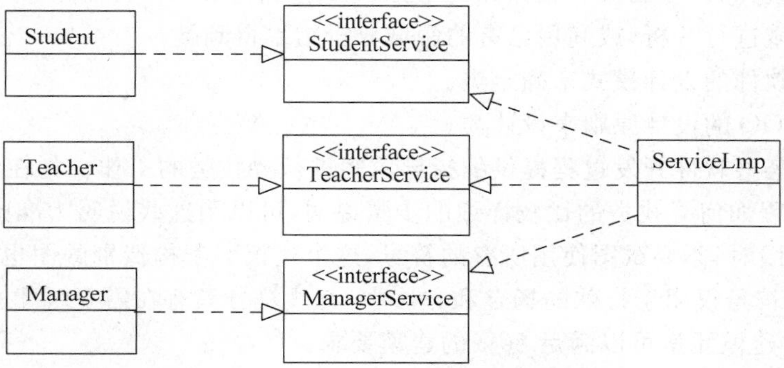

图 7-26 使用分离接口的设计

现在 Student 类、Teacher 类及 Manager 类均有一个专用的接口，这个接口中只声明了与这个类有关的方法，而 ServiceLmp 类实现了所有这些接口。如果 Student 类要改变所使用的接口中的方法，则只需改动 StudentService 接口和 ServiceLmp 类即可，对 Teacher 类和 Manager 类不会有影响。

当然使用这条原则并不是一定要给每个客户类创建一个接口，在某些情况下，如果多个客户类确实需要使用同一个接口也是可以的。

4. 面向对象设计应注意的其他问题

除了在设计时要遵循以上这些原则外，还要注意以下一些设计方面的问题。

(1) 不同类中相似方法的名字应该相同。例如，对于输入/输出方法，不要在一个类中用 Input/Output 命名，而在另一个类中用 Read/Write 命名。

(2) 遵守已有的约定俗成的习惯。例如，对类名、方法名、属性名的命名应遵守已有的约定，或者遵守开发机构中规定的命名方法。

(3) 尽量减少消息模式的数目。只要可能，就使消息具有一致的模式，以利于理解。例如，不要在一个消息中，其第一个参数表示消息发送者的 URL 地址，而在另一个消息中，是最后一个参数表示消息发送者的 URL 地址。

(4) 设计简单的类。类的职责要明确，不要在类中提供太多的服务，应该从类名就可以较容易地推断出类的用途。

(5) 泛化结构的深度要适当。类之间的泛化关系增加了类之间的耦合性。除非是在特殊情况下(如图形用户界面的类库)，一般不要设计有很深层次的类的泛化关系。

(6) 定义简单的方法。一个类中的方法不应太复杂。如果一个方法太大，很可能就是这个方法包含的功能太多，而有些功能可能是不相关的。

5. 类图的建模步骤

确定系统中的类是 OO 分析和设计的核心工作。但类的确定是一个需要技巧的工作，系统中的有些类可能比较容易发现，而另外一些类可能很难发现，不可能存在一个简单的算法来找到所有类。寻找类的一些技巧包括以下内容。

(1) 根据用例描述中的名词确定类的候选者。

(2) 使用 CRC 分析法寻找类。CRC 是类(Class)、职责(Responsibility)和协作(Collaboration)的简称，CRC 分析法根据类所要扮演的职责来确定类。

(3) 根据边界类、控制类和实体类的划分来帮助发现系统中的类。

(4) 对领域进行分析，或利用已有的领域分析结果得到类。

(5) 参考软件的设计模式来确定类。

(6) 参考 OO 的设计原则来设计类。

(7) 根据某些软件开发过程提供的指导原则进行寻找类的工作。如在 RUP 中，有对分析和设计过程如何寻找类的比较详细的步骤说明，可以用这些说明为准则寻找类。

在构造类图时，不要试图使用所有的符号，这个建议对于构造别的图也是适用的。在 UML 中，有些符号仅用于特殊的场合和方法中，有些符号只有在需要时才去使用。UML 中大约 20%的建模元素可以满足 80%的建模要求。

在构造类图时不要过早陷入实现细节，应该根据项目开发的不同阶段，采用不同层次的类图。如果处于分析阶段，应画概念层类图；当开始着手软件设计时，应画说明层类图；当考察某个特定的实现技术时，则应画实现层类图。

对于构造好的类图，应考虑该模型是否真实地反映了应用领域的实际情况，模型和模型中的元素是否有清楚的目的和职责，模型和模型元素的大小是否适中，对过于复杂的模型和模型元素应将其分解成几个相互合作的部分。

下面给出建立类图的步骤。

(1) 研究分析问题领域，确定系统的需求。

(2) 确定类，明确类的含义和职责，确定属性和操作。

(3) 确定类之间的关系。把类之间的关系用关联、泛化、聚集、组合、依赖等关系表达出来。

(4) 调整和细化已得到的类和类之间的关系，解决诸如命名冲突、功能重复等问题。

(5) 绘制类图并增加相应的说明。

6. 案例分析

【例 7-1】 利用类图的相关知识，实现动物与环境之间的关系建模，功能要求如下。

(1) 动物与空气和水之间的关系。

(2) 动物与鸟之间的继承关系。

(3) 鸟与翅膀的关系。

(4) 鸟与大雁、啄木鸟及企鹅之间的关系。

(5) 雁群与大雁的关系。

(6) 企鹅与气候之间的关系。

根据以上要求实现的类图如图 7-27 所示。

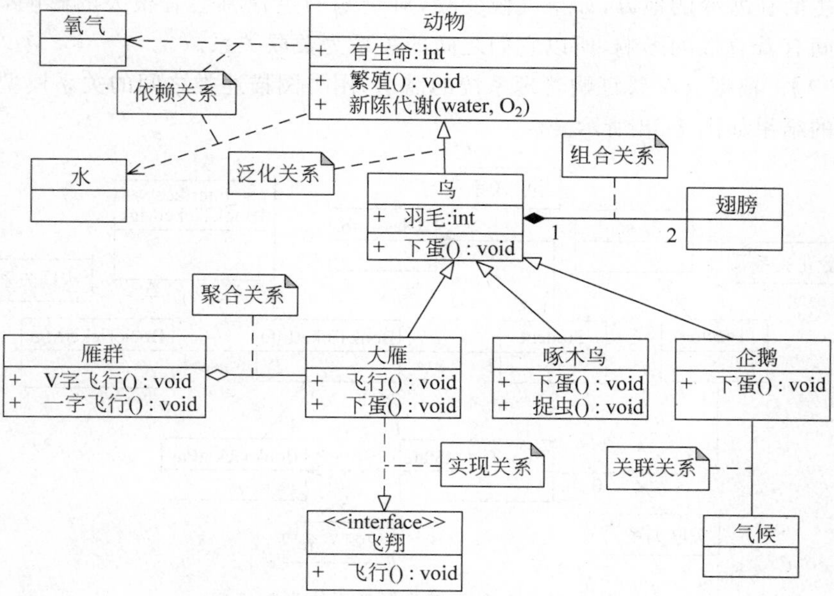

图 7-27 动物与环境的关系类图

在图 7-27 中，类的表示方法为，用一个矩形框表示类图，矩形区域的顶部名称为类名。图中的动物、氧气、水及鸟等都是类。

动物类拥有“有生命”的属性和“繁殖”与“新陈代谢”两个方法。在现实生活中，动物要具有生命的功能，必须要依靠水和氧气，缺少了动物就无法存活。这点正符合类的依赖关系，所以动物与氧气和水之间的关系都应是依赖关系。

鸟属于动物，具有动物的共同特征，有生命、可繁殖与新陈代谢，所以鸟类与动物类之间的关系为继承关系，也就是 UML 中的泛化关系。鸟除了具有动物的共同特征外，还具有自己的特征，如鸟都是有羽毛和可以下蛋的，所以鸟类中增加了属性“羽毛”，增加了“下蛋”的方法。

鸟除了有羽毛和可下蛋外，它还有一对翅膀(类的多重性表示为 1:2)，这对翅膀还必须是存在且不可分割的。这点正好满足类之间的组合关系的要求(整体的类会因为拥有某个部分的类而存在，会因为某个类的不存在而消失)，所以鸟与翅膀之间的关系是组合关系。

大雁、啄木鸟和企鹅都具有鸟的特征，所以大雁、啄木鸟和企鹅与鸟类之间的关系为泛化关系。在继承了鸟类后，大雁类、啄木鸟类和企鹅类都可以有羽毛的特性和下蛋的功能。

每种鸟都可以飞，但飞的姿势可能会不一样，为了能适应不同鸟的飞行姿势，可以定义一个“飞翔”的接口类，并定义一个方法“飞行”，只要实现此接口的类都会拥有“飞行”的功能。图中大雁类与“飞翔”接口之间的关系定义为实现关系，所以大雁具有飞行功能。

雁群是由多只大雁组合而成的队伍，是一种很强的关联关系，所以这里用聚合关系来表示两者的关系。

企鹅生活在寒冷的地方，如果气候变暖，对企鹅的生存将会有很大的影响，企鹅类和气候类之间有着直接的影响，所以它们之间的关系为关联关系。

【例 7-2】 根据火车票订购管理系统的需求，用类图描述类之间的关系模型。

类图的结果如图 7-28 所示。

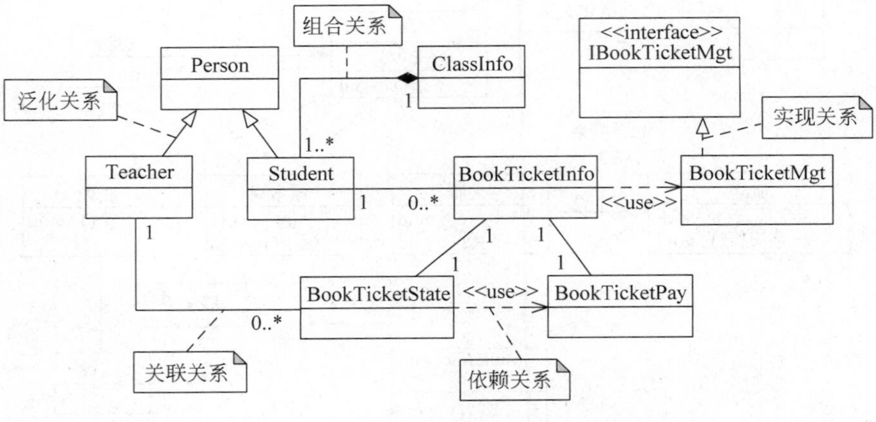

图 7-28 火车票订购管理系统类图模型

类图中在描述火车票订购管理系统类之间的关系的时候，运用到了前面所讲述的部分类图相关知识，下面将做详细说明。

(1) 组合关系

学生 Student 类与班级 ClassInfo 类之间是一种特殊的关联关系——组合，因为班上必须有学生，否则就不可能组合成班级，所以这里用到了组合关系。多重性设置的时候一个班级至少有一个学生，所以在学生端的多重性为“1.. * ”。

(2) 泛化关系

系统中的用户有教师 Teacher 和学生 Student 两种，这里为系统中的用户定义了公用的基类 Person，子类 Teacher 和 Student 继承于 Person 类，用到了泛化关系。

(3) 关联关系

关联关系是类之间最普通的关系，系统中的关联关系较多，如教师 Teacher 类和火车票状态 BookTicketState 类，学生 Student 类和预订票信息 BookTicketInfo 类之间都是关联关系。

(4) 实现关系

为了能适应功能扩展的需要，系统中将火车票预订信息的管理抽象为接口 IBookTicketMgt，在实现具体功能时候，类 BookTicketMgt 需要实现 IBookTicketMgt 接口，所以用到了实现关系。

(5) 依赖关系

系统中预订票信息 BookTicketInfo 类与火车票管理 BookTicketMg 类使用依赖关系描述。如果管理人员修改或删除了订单信息，则会对 BookTicketInfo 类造成影响，所以它们之间存在依赖关系。同样火车票状态 BookTicketState 类与支付费用 BookTicketPay 也存在依赖关系。

7.2.2 对象图

人们经常需要考虑软件系统在运行过程中决定它某种行为的瞬间状态是什么，因为在系统运行时，系统的瞬间状态决定了那一时刻的系统行为特点，由于运行中的软件系统的基本组成单位是以对象(Object)的形式存在的，所以系统的瞬间状态实际上是由所有参与系统运行的对象的状态所决定的。为了确定在某个特定的时间点上系统行为的状态，需要建立系统在那一时刻所有相关联对象的状态模型，UML 用对象图为这个需要建立模型。

对象图(Object Diagram)为瞬间状态建模，这种建模就像在某个时间点上给系统的所有参与对象拍下一张对象状态的快照。这张照片描述了系统在这个时间点上的一系列对象的状态和它们之间的链接。

在 UML 中，对象图使用的是与类图相同的符号和关系，因为对象就是类的实例。连线表示对象之间的关系。

对象图由对象和对象间的链组成，可以表示为

```
object diagram = object + link
```

1. 对象

对象(Object)是真实世界中的一个物理上或概念上具有自己状态和行为的实体。UML 表示对象的方式十分简单：在矩形框中放置对象的名字，名字下加上下划线表示这是一个对象。对象名的表达遵循的语法为

对象名：类名

```
object name : class name
```

这种表达方式中每个部分都是可选的，因此对象名可以有以下 3 种表达形式。

(1) <u>object name</u>

(2) <u>object name : class name</u>

(3) <u>: class name</u>

注意它们都有一个下划线。例如，类 Student 的对象可写为 myStudent，如图 7-29 所示。当表示 myStudent 这个对象所实例化的类的时候，可以用第二种表达方式，如图 7-30 所示。

当对象的名字在上下文环境中并不重要的时候，也可以使用一个匿名对象(Amonymous Object)来表示对象，即只用类名字加下划线表示对象，如图 7-31 所示。

图 7-29 对象表示 1

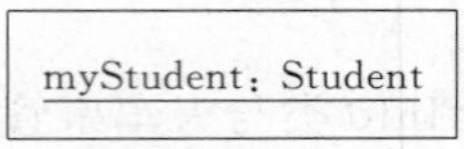

图 7-30 对象表示 2

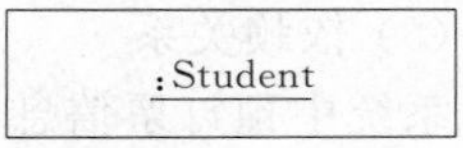

图 7-31 对象表示 3

除以上介绍的方法外，还可以用两栏的矩形框来描述一个对象，第一栏放置对象名，第二栏放置对象的属性。对象图中属性的表示方式为

属性名 : 属性 = 值

```
attribute name:type = value
```

attribute name 是属性的名字，type 表示属性的类型，value 是属性的状态值。图 7-32 给出了类 Student 的对象 myStudent 及其属性。

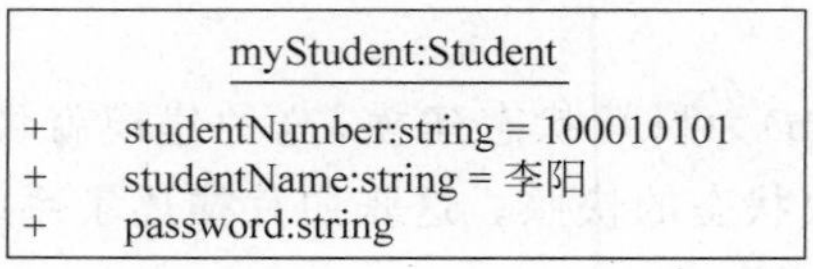

图 7-32 带有属性的对象

注意对象图中只列出属性和它的状态值，而不列出行为。这是因为对象图关心的是系统对象瞬间状态，而不是每个对象所具有的行为。

2. 链

有的时候仅表示对象本身并不重要，更多的时候，需要表示对象之间在系统的某一个

特定的运行时刻是如何在一起工作的，这就需要展示对象之间的关系。对象图用链将这些对象联系在一起，UML 将其称为 Link。

UML 用实线表示链，如图 7-33 所示，在链上可以加上一个标签表示此链接的目的。对象 s1：Student 与 c1：ClassInfo 之间的链 member 是班级成员与班级之间的关系，对象 s2：Student 与 c1：ClassInfo 之间的链 monitor 是班长职责管理关系。需要强调的是，链的标签并非都是必要的，它是可选的。

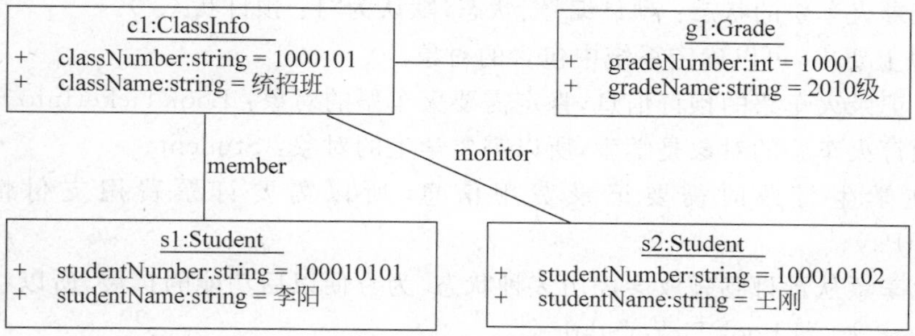

图 7-33 对象和它们之间的关系

3. 对象图与类图的区别

对象图一般情况下使用得较少，在很大程度上，它们的使用有很多的类似之处，如对象图的链表示与类图是基本相同的，但两者之间也有不同之处，详见表 7-3。

表 7-3 对象图与类图的区别

对 象 图	类 图
对象只有两个分栏：名称和属性	类具有 3 个分栏：名称、属性和操作
对象的名称形式为“对象名：类名”，匿名对象的名称形式为“：类名”	在类的名称分栏中只有类名
对象则只定义了属性的当前值，以便用于测试用例	类的属性分栏定义了所有属性的特征
对象图中不包括操作，因为对于同属于同一个类的对象而言，其操作是相同的	类中列出了操作
对象使用链连接、链拥有名称、角色，但是没有多重性。对象代表的是单独的实体，所有的链都是一对一的，因此不涉及多重性	类使用关联连接，关联使用名称、角色、多重性以及约束等特征定义，类代表的是对对象的分类，所以必须说明可以参与关联的对象的数目

4. 对象图建模步骤

在分析和设计过程中，建立对象图并没有一个标准的步骤，下面给出的步骤只是指导性原则。

(1) 研究分析问题领域，确定系统的需求。

(2) 发现对象，明确它们的含义和责任，确定属性和操作。

(3) 确定对象之间的关系，必要时可用标签来表示目的。

(4) 绘制并形成对象类图。

5. 案例分析

【例 7-3】 在火车票订购管理系统中，按照软件的设计流程，第一个需要完成的功能是学生在网上完成票的预订操作，学生在操作此功能时需要满足如下的功能要求。

(1) 记录火车票预订信息：预订编号、列车车次、起始站、终点站、预订时间、预订人、联系电话等。

(2) 记录火车票的费用信息：预订编号、火车票价、预付金额。

(3) 记录火车票的状态：预订编号、状态(默认为“1：预订状态”)。

根据以上要求，可以确定系统中包含的对象。

(1) 要记录火车票的预订信息，肯定需要火车票的对象：BookTicketInfo。

(2) 预订火车票的对象是学生，所以需要学生的对象：Student。

(3) 在学生订票时需要记录费用信息，所以需要订票费用支付情况对象：BookTicketPay。

(4) 火车票从预订到领取会经历多种状态，为方便以后功能的扩展，所以将火车票的状态单独立出来，即 BookTicketState。

在确定了对象后，就需要建立对象之间的关系，火车票对象(BookTicketInfo)与费用对象(BookTicketPay)之间的关系用标签表示为“费用”，同理，火车票对象(BookTicketInfo)与火车票状态(BookTicketState)的关系用标签表示为“状态”。最后的对象建模图如图 7-34 所示。

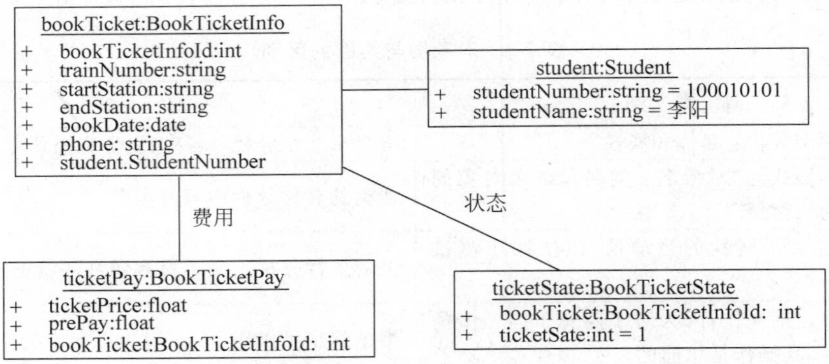

图 7-34 预订火车票功能的对象图

7.2.3 状态图

状态图(State Diagram)也叫状态机图(State Machine Diagram)。UML 的状态图主要用于建立对象类或对象的动态行为模型，表现一个对象所经历的状态序列，引起状态改变的事件，以及因状态或活动转移而伴随的动作。状态图也可用于描述用例(Use Case)，以及全系统的动态行为。

状态图表示一个模型元素在其生命期间的情况：从该模型元素的开始状态起，响应事件，执行某些动作，引起转移到新状态，又在新状态下响应事件，执行动作，引起转移到另一个状态，如此继续，直到终结状态。

状态图由状态(State)和迁移(Transition)组成,其表达方式为

状态图 = 状态 + 迁移

state diagram = state + transition

图 7-35 展示了热水器烧水的状态转换过程。此过程包含了两个状态 Off 和 On,其中与状态 Off 相关的转换有两个,其触发事件都是 TurnOn,只不过其监护条件不同。如果对象收到事件 TurnOn,那么将判断壶中是否有水;如果[没水],则仍然处于 Off 状态;如果[有水]则转为 On 状态,并执行"烧水"动作。与状态 On 相关的转换也有两个,如果"水开了"就执行 TurnOff,关掉开关,如果烧坏了,就进入了终态。

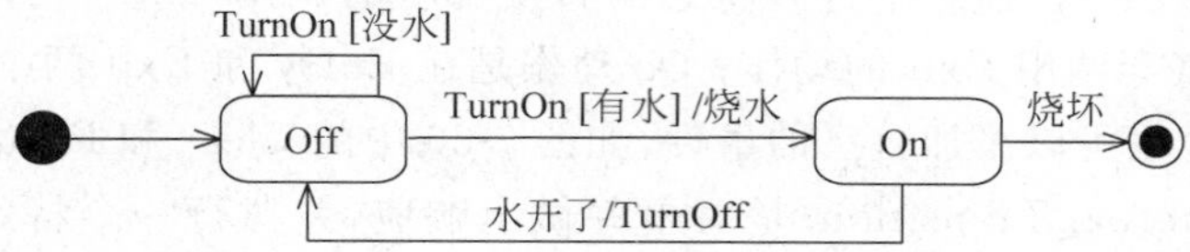

图 7-35　烧水状态图

根据状态图发生的事件或状态组成的复杂性,可以进行简单的分类,表 7-4 描述了几种常用状态类型和它们的表示符号。

表 7-4　状态图的状态类型

状　态	说　明	表示符号
简单状态(Simple)	最简单的状态,没有子状态,只带有一组转换和可能的入口和出口动作	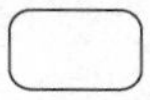 ⬭
复合状态(Composite)	一个状态是由一组或多组子状态组成的状态	 ⬭
初始状态(Initial)	特殊状态,表明状态图状态的起点	 ●
终止状态(Final)	特殊状态,表明完成了状态图中状态转换历程的所有活动	 ◉
结合状态(Junction)	将两个转换连接成一次就可以完成的状态	 ●
选择状态(Choice)	计算选择转换路径走向和多个路径的汇合	 ◇
分开状态(Fork)	并行状态,多个状态的并行拆分和合并	 ▮
历史状态(History)	保存组成状态中先前被激活的状态	 Ⓗ

1. 状态

状态是指在对象生命周期中满足某些条件、执行某些活动或等待某些事件的一个条件和状况。一个状态通常包括名称、进入/退出活动、内部转换、子状态和延迟事件 5 个部分。如图 7-36 展示了登录火车票预订系统中登录提示的状态。

在状态图的下面部分可以标识内部活动,包括事件和动作(Event/Action)。Entry

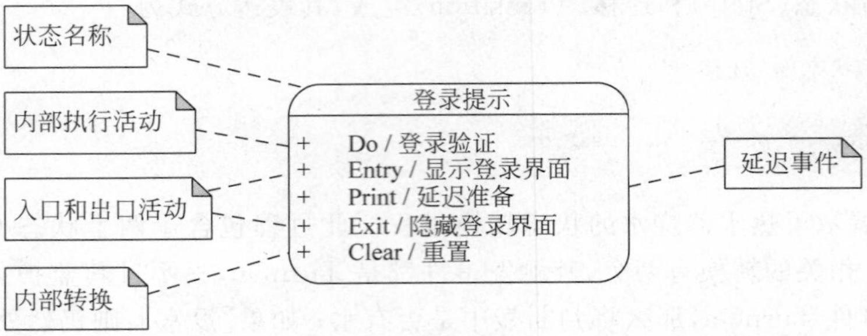

图 7-36　带分栏的状态

和 Exit 事件是标准的，任何一个进入状态的转换都将会调用 Entry 的动作，任何一个退出状态的转换都将会调用 Exit 的动作；Do 动作是在 Entry 和 Exit 两个动作之间的过程处理；在状态图中也可以添加自己的事件，如图 7-36 中的 Clear 和 Print 事件。

内部转换（Internal Transition）是对事件做出响应，并执行一个特定的活动，但并不引起状态变化或进入转换、离开转换，用来处理一些不离开该状态的事件。内部转换的表示方法为触发器[监护条件]/ 迁移行为（trigger[guard]/behavior）。

2. 迁移

迁移（Transition）也叫转移，它描述了一个状态到另一个状态的瞬间变化过程，一旦源状态到目标状态发生了变化，就会发生迁移。UML 中用从源状态到目标状态的开放式箭头的实线表示迁移，箭头指向目标状态。

对迁移过程的描述称为迁移描述（Transition Description），完整的迁移描述表示方法为

```
触发器[监护条件]/ 迁移行为(trigger[guard]/behavior)
```

迁移描述中的每个元素都是可以选择的。语法的详细解释如下。

（1）触发：指明何种条件可以导致迁移发生，图 7-35 中 TurnOn 就是一个触发。

（2）监护条件：指为了让警戒发生而必须为真的布尔表达式。当事件发生时，监护条件就会触发。监护条件只在事件发生的时候检查异常，当条件为真时，迁移才触发。图 7-35 中的[有水]或[没水]就表示一个监护条件。

注意监护条件与变化事件的区别，监护条件只是在引起迁移的触发事件执行时才被赋值一次，如果它为假，则迁移将不会被触发，条件也不会被再赋值。而变化事件被多次赋值直到条件为真，这时迁移也会被触发。

（3）响应事件而执行的行为：迁移行为指当迁移发生时所执行的一个不可中断的活动。图 7-35 中“烧水”就表示一个行为。“没水”也显示状态可以迁移成自身，即 Self-Transition。

3. 伪状态

伪状态（Pseudo State）指在一个状态机中具有状态的形式，同时具有特殊行为的顶点。它是一个瞬时状态，用于构造迁移的细节。当伪状态处于活动时，状态机还没有实现

从运行到完成的步骤，也不会处理事件。伪状态用来连接迁移段，一个伪状态的迁移意味着会自动迁移到另一个状态而不需要事件来触发。

伪状态包括初始状态、入口点、出口点、选择和合并、结合和分叉、连接、终止和历史状态。

(1) 入口点是状态内的一个外部可见的伪状态，外部迁移可以将它作为目标。包含入口点的状态将成为迁移的有效目标状态。在UML中，用状态符号边框的空心圆表示。出口点也是状态内的一个外部可见的伪状态，外部迁移可以将它作为源，它代表状态内的一个终态，在UML中，用状态符号边框的十字交叉圆表示。

如图7-37所示的象棋游戏，入口点为每局游戏的开始，白棋和黑棋玩家经过激烈的对决后分出胜负，游戏结束为出口点。

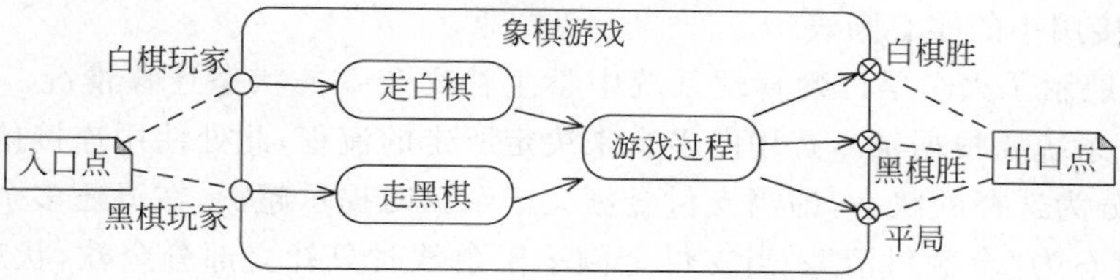

图7-37 入口点与出口点

(2) 选择伪状态用来强调由Boolean条件决定接下来执行哪个迁移，根据节点后的监护条件动态计算选择迁移路径。在UML中，用菱形表示，其输出必须包含监护条件且不能有触发器。合并表示两个或者多个可选的控制路径汇合在一起，在UML中用菱形表示。

图7-38展示了客户在线预订节目门票到参加节目的状态迁移过程。用户在预订门票后，采用信用卡支付门票费用，系统会提示用户选择领票方式，如果是7天及以内领票需要到零售部门领取，否则使用邮件的方式发送门票，对这个选择过程的描述使用了选择伪状态。在客户领票时，系统可对两种领取方式的门票进行合并，以便安排客户参加节目，这个合并的过程用合并伪状态来描述。

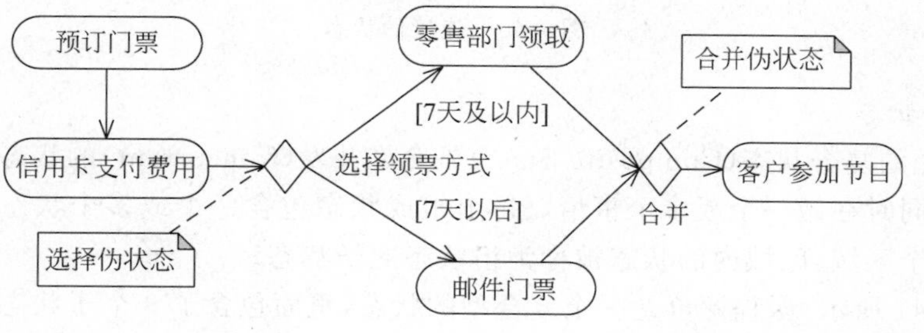

图7-38 选择伪状态

(3) 分叉和结合伪状态表示分叉成并行状态，然后再结合在一起。在UML中，用一段粗线表示。

如图7-39所示，用户在拨通电话后，通话过程将是听和说两种同时进行的状态，所以要用分叉伪状态表示。在通话结束后，听和说的两种状态将会合并成为一种状态，所以用结合伪状态来表示。

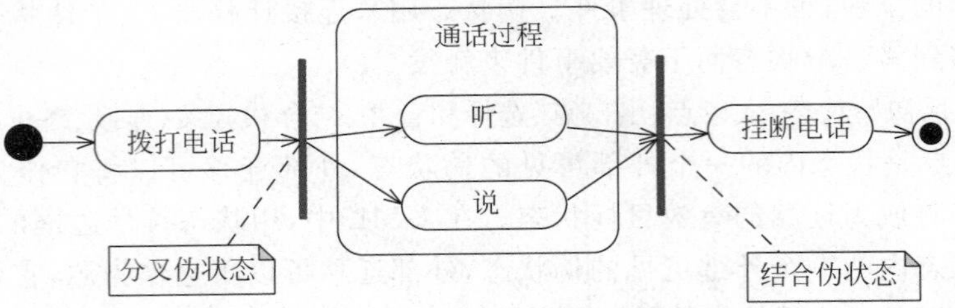

图 7-39　分叉与结合伪状态

(4) 连接是状态机中表示整体迁移为部分的一种伪状态(从整体到细节描述)。在UML 中,连接用小的实心圆表示。

图 7-40 展示了火车票订购管理系统中学生补交余款的状态迁移情况。在用户录入费用信息后,系统要根据录入费用的多少来决定所走的流程,此处使用连接伪状态将补交余款的状态分为选择的状态,即当支付金额大于余款时提示超额,在退还多余金额后完成付款操作,状态为"全额付清";当支付金额小于余款时只补交部分余款,状态为"交部分余款";当支付金额等于余款时,状态为"全额付清"。这种方式的处理将一个补交余款的过程分为更细微的处理过程,实现了状态迁移过程的详尽化,增强了对此功能的理解。

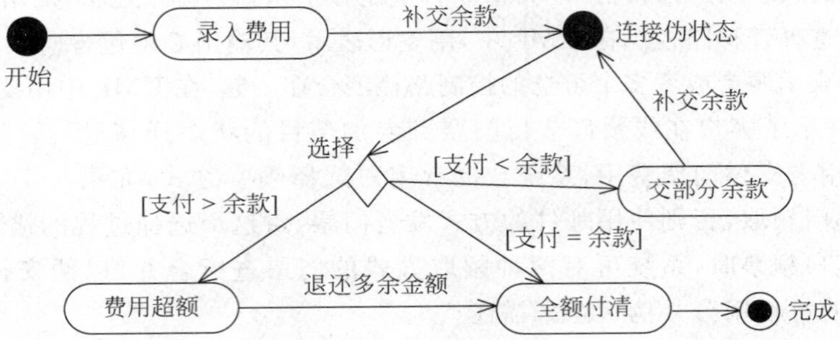

图 7-40　连接伪状态

4. 复合状态

UML 中的复合状态(Composite State)是允许并发(Concurrent)的状态,即处在某个状态的对象同时在做一个或多个事情。每个组成状态包含一个或多个状态图的状态,每个图属于一个区域,区域内的状态被称为组状态的子状态。

如图 7-41 所示,课程评价是一个复合型的状态,里面包含了 3 个子状态,分别是实验的操作状态,项目团队的完成状态及考试过程的状态,这 3 个状态是处于并发的状态。

5. 状态图的建模步骤及要求

在分析和设计过程中,建立状态图并没有一个标准的步骤,下面给出的步骤只是指导性原则。

(1) 找出该对象可能出现的所有状态,并命名。

(2) 对每个状态进行必要的描述,包括状态变量和该状态下的活动(这两部分可以省略)。

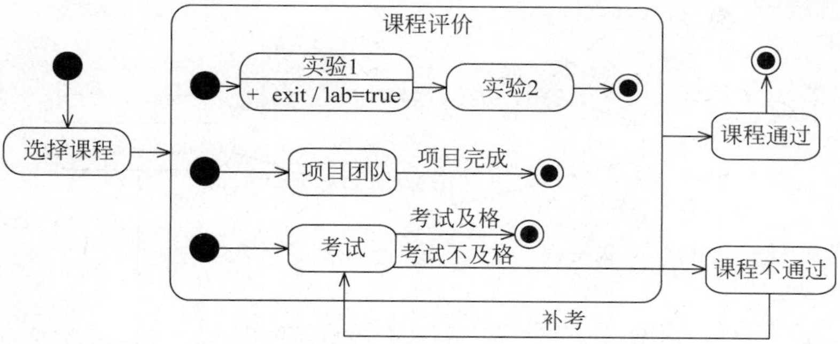

图 7-41 复合状态

(3) 对任意两个状态进行分析，找出可以使这两个状态发生迁移的触发事件和监护条件。

(4) 确定是否存在伪状态和复合状态等，并描述触发事件和监护条件。

(5) 形成状态图。

一个结构良好的状态图，应满足以下要求。

(1) 是简单的，因而不包含任何多余的状态或转换。

(2) 具有清晰的语境，可以访问所有对闭合对象可见的对象(仅当执行由状态描述的行为是必需的时候才使用这些相邻近对象)。

(3) 是有效的，因而应该根据执行动作的需要，取时间和资源的最优平衡来完成它的行为。

(4) 是可理解的，因而应该使用来自系统词汇中的词汇，来命名它的状态和转换。

(5) 不要太深层地嵌套，通常一层或两层状态能够解决大多数复杂行为。

(6) 像使用主动类那样使用并发子状态常常是更好的选择。

当在 UML 中绘制状态图时，要遵循如下的策略。

(1) 避免交叉的转换。

(2) 只在为使图形可理解所必需的地方扩充组合状态。

6. 案例分析

【例 7-4】 用状态图描述 ATM 系统账目状态，要求实现账目开启、关闭或透支几种不同状态的迁移，且不同状态下有不同的功能，消息通过箭头流动，消息流动需要用适当的条件来描述。

图 7-42 展示了 ATM 系统中的账目开启、关闭或透支的 3 种状态。

在默认情况下，系统的账目状态是打开的，用户可以使用账户。当用户透支使用账目后，透支状态就立即执行内部活动"do/通知客户"。当用户执行了取钱消息时，须满足条件为余额大于 0，此时账目状态为打开状态；当用户执行了存款消息后，系统的余额肯定是大于 0 的，账目状态应为打开状态；在透支状态下，系统应执行检查余额的事件，如果余额小于 0 且达到 30 天以上则系统自动关闭此账目；除此之外，客户可能会因为自己的某些原因需要临时关闭自己的账目状态，这种情况就需要向银行提出申请后才能关闭。

【例 7-5】 在火车票订购管理系统中，预订的火车票状态包括等待交费、等待购票、等待领票和完成 4 种状态，用状态图描述状态的迁移情况。

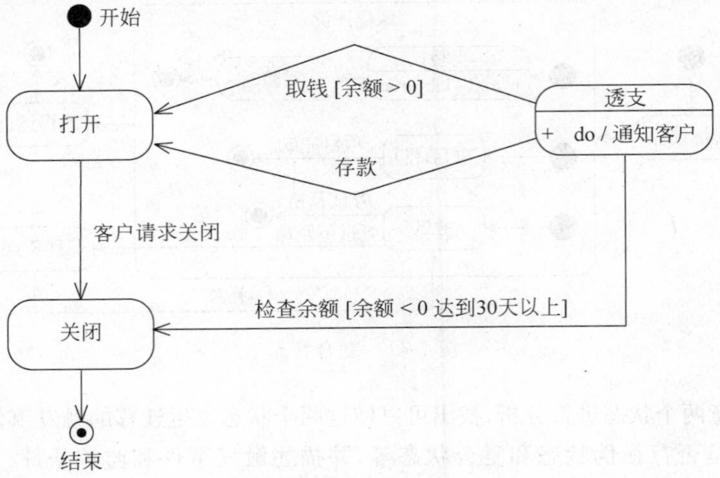

图 7-42 ATM 系统账目状态迁移

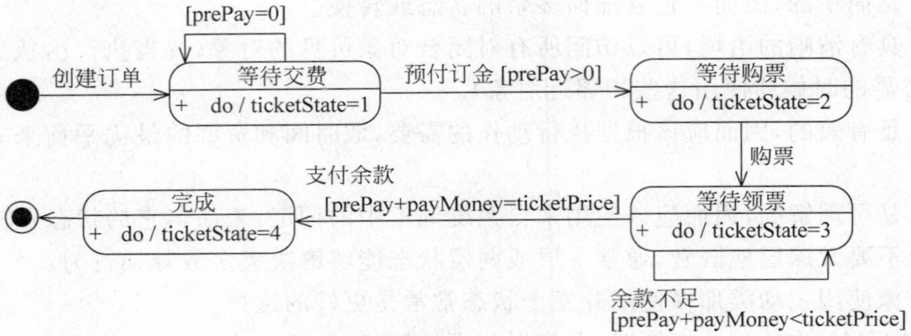

图 7-43 预订火车票状态图

火车票的状态迁移的状态图如图 7-43 所示。

从图 7-43 可知，预订火车票的状态迁移比较简单，基本上都是相邻两个状态之间在迁移。

第一个状态“等待交费”为学生在网上提交了订单后的默认状态，系统需要执行内部活动，即修改订单的状态 ticketState＝1。在此阶段学生需要交预付金，只有在交了预付金后，相关的工作人员才会去帮忙购票。所以当“等待交费”状态有两个监护条件，且 prePay＝0 的时候，说明学生还没有交费，状态不变，只有当 prePay＞0 的时候，说明学生交了预付金，则可进入第二个状态“等待购票。”

在第二个状态的时候，系统需要执行内部活动，即更改订单号的状态 ticketState＝2。相关工作人员在购票后会修改系统中票的状态，即进入第三个状态“等待购票”。

在第三个状态的时候，系统需要执行内部活动，即更改订单号的状态 ticketState＝3。此状态下学生只在交纳火车票的余款后就可以领取火车票。也就是说当监护条件 prePay＋payMoney＝ticketPrice（预付金额＋支付金额＝票价）的时候进入第四个状态

“完成”，否则状态依旧为“等待购票”。

最后一个状态，系统需要执行内部活动，即更改订单号的状态 ticketState=4。整个状态迁移过程结束。

7.2.4 顺序图

交互图(Interaction Diagram)是用来描述对象之间以及对象与参与者(Actor)之间的动态协作关系以及协作过程中行为次序的图形文档。它通常用来描述一个用例的行为，显示该用例图中所涉及的对象和这些对象之间的消息传递情况。

交互图包括顺序图(Sequence Diagram)和协作图(Collaboration Diagram)两种形式。顺序图着重描述对象按照时间顺序的消息交互，协作图着重描述系统成分如何协同工作。顺序图和协作图从不同的角度表达了系统中的交互和系统的行为，它们之间可以相互转化。一个用例需要多个顺序图或协作图，除非特别简单的用例。

交互图可以帮助分析人员对照检查每个用例中所描述的用户需求，如这些需求是否已经落实到能够完成这些功能的类中去实现，提醒分析人员去补充遗漏的类或方法。交互图和类图可以相互补充，类图对类的描述比较充分，但对象之间的交互情况的表达不够详细；而交互图不考虑系统中的所有类及对象，但可以表示系统中某几个对象之间的交互。

需要说明的是，交互图描述的是对象之间的消息发送关系，而不是类之间的关系。在交互图中一般不会包括系统中所有类的对象，但同一个类可以有多个对象出现在交互图中。

顺序图也称时序图，它是现实对象之间交互的图，这些对象是按时间顺序排列的。特别地，顺序图中显示的是参与交互的对象，及对象之间消息交互的顺序。顺序图描述了对象实现全部或部分系统功能的行为模型。顺序图由生命线和消息组成，表达方式如下。

```
顺序图 = 生命线 + 消息

sequence diagram = lifeline + message
```

1. 生命线

每个参与者及系统运行中的对象(即活动对象)都用一条垂直的生命线(Lifeline)表示。生命线展示了一个对象在交互过程中的生命期限，表示一个对象在系统表现一个功能时的存在时间。UML 用矩形和虚线表示生命线，虚线展示了参与交互的对象的生命长度，矩形框中添加对象名称，可以使用下面的语法，注意语法中的各个部分都用斜体表示，说明它们都是可选的部分。

对象名[选择器]: 类名 ref decomposition

object_name [selector]: class_name ref decomposition

object_name 是活动对象的名字，由于同一个类的对象可以有不同的状态值，所以有时需要识别每个对象个体，这时可以在 selector 中标明(图 7-46)。class_name 说明了参与协作的对象类型，ref 是引用(Reference)的英文缩写，decomposition 也是可选部分，它指明在另一个更详细的顺序图中展示了当前交互的参与者如何处理它所接收到的消息细节。下面给出生命线表示方法的一些实例。

在图 7-44 中类名是 BookTicketInfo，生命线指的是 BookTicketInfo 的对象，但是没有给出具体对象的名字，这是用:class_name 的形式表达的。

在图 7-45 中，BookTicketInfo 的对象名字是 ticket，这是按 object_name:class_name 的形式表达的。

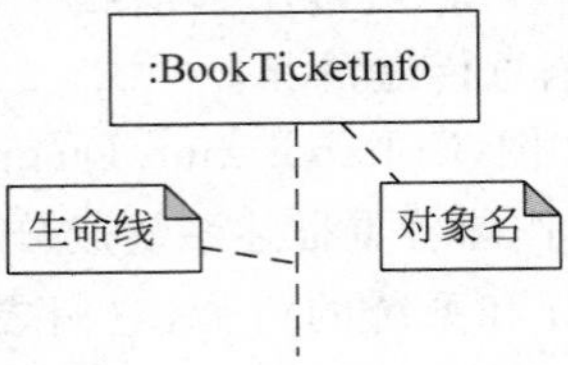

图 7-44 生命线表示方法 1

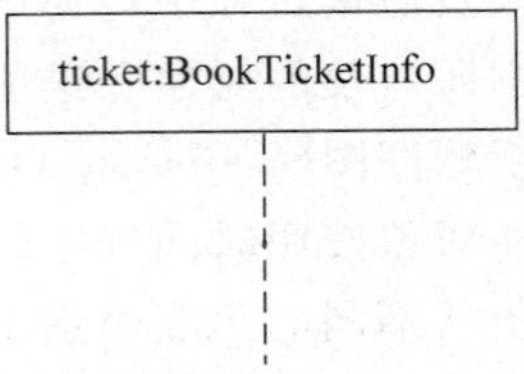

图 7-45 生命线表示方法 2

在图 7-46 中，用 i 表示一组 BookTicketInfo 的对象中第 i 个对象。

在图 7-47 中，ref ComBookTicket 表示 ComBookTicket 将在其他的顺序图中给出详细的描述。

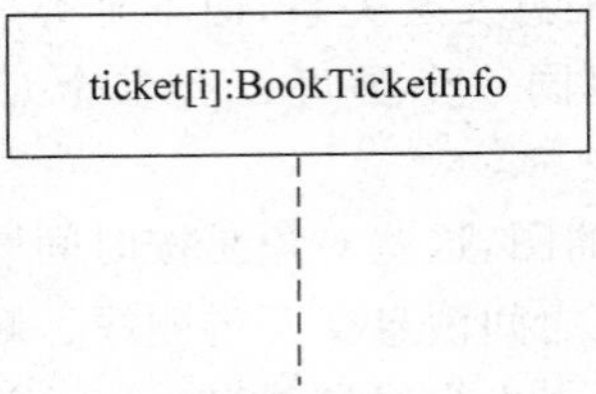

图 7-46 生命线表示方法 3

图 7-47 生命线表示方法 4

2. 类元角色

类元角色(Actor)为系统中发起请求消息的对象(或者称为参与者对象)，它可以是任何在系统中扮演角色的对象，不管它是对象实例还是参与者，它与生命线的使用方法相同，只是表示方法不同，类元角色的表示方法如图 7-48 所示。

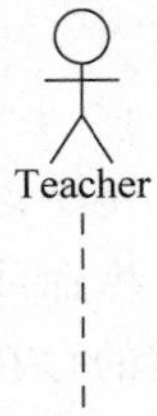

图 7-48 类元角色

顺序图是一个二维图形。在顺序图中水平方向为对象维，沿水平方向排列的是参与交互的对象。其中对象间的排列顺序并不重要，但一般把表示类元角色放在图的两侧，主要参与者放在最左边，次要参与者放在最右边(或表示人的参与者放在最左边，表示系统的参与者放在最右边)。顺序图中的垂直方向为时间维，沿垂直向下方向按时间递增顺序列出各对象所发出和接收的消息。

3. 活动条

在生命线的虚线上可以用活动条表示某种行为的开始和结束。

活动条(Activation Bar)也称为执行发生(Execution Occurrence)，它用来表示对象的某个行为所处的执行状态，活动条用小矩形条表示，图 7-49 是一个带活动条的顺序图的例子。但是,这里要强调的是在生命线上并非一定要用活动条来表示执行的发生,活动条的加入使得执行发生更形象化,但是在行为繁多的顺序图中,活动条也使图示更复杂,所以在这种情况下,倾向不使用活动条。

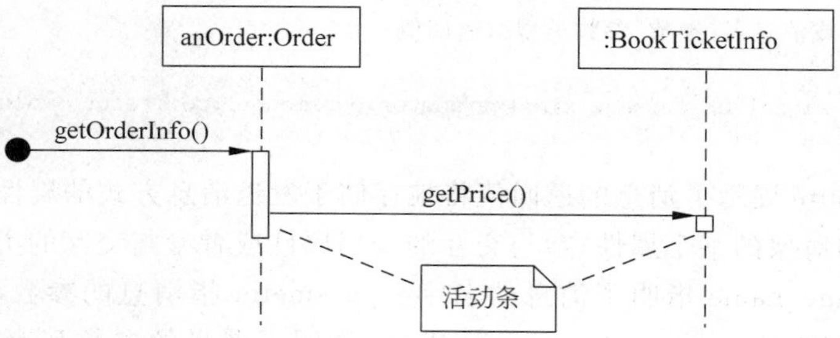

图 7-49 带活动条的顺序图

4. 消息

在面向对象的分析和设计中,对象的行为也称为消息(Message),因为对象之间行为的交互作用也可以看成是对象之间发送消息实现的。通常,当一个对象调用另一个对象的行为时,即完成了一次消息传递。由于顺序图强调的是对象行为发生的顺序,所以也可以说是消息发生的时间顺序。

顺序图关注对象的通信,这些通信就是对象发送的消息。UML 用带有实心的箭头表示消息,每条消息从发送对象指向接收消息对象。例如图 7-49 中,getOrderInfo、getPrice 都是简单地表达消息的例子。

在顺序图中可以清楚地找到系统有多少个对象以及每个消息应该属于哪个对象。在图 7-49 中,对象 anOrder 向类 BookTicketInfo 的对象发送了消息 getPrice,消息 getPrice 属于类 BookTicketInfo 对象。同样,消息 getOrderInfo 为对象 anOrder 所有,对象 anOrder 调用了 BookTicketInfo 对象的消息 getPrice。下面的程序(C# 或 Java 代码)说明了这个问题。

```
public class Order{
    BookTicketInfo ticket;
    public float getOrderInfo (){
        ⋮
        ticket.getPrice();
        ⋮
    }
}
public class BookTicketInfo {
    public float getPrice(){
        ⋮
    }
}
```

(1) 消息的命名

每一个消息都必须命名。在表达消息的箭头上，放置表示消息名称的标签，其语法如下。

```
属性 = 信号或消息名(参数:参数类型):返回值
```

```
attribute = signal_or_message_name(parameter:parameterType):return_value
```

其中，attribute 展示了消息的返回值将被存储于发送消息方式的属性中，这些属性可能是发送消息的对象的某个属性、参与交互的全局属性或者参与交互的类的实例的属性。signal_or_message_name 指明了消息的名字。parameter 指消息的参数，parameterType 是这个参数的类型。parameter: parameterType 指明了消息的参数列表，各个参数之间用逗号相隔。return_value 指明了消息的返回值。表 7-5 是根据上述语法给出消息的一些例子。

表 7-5 消息的例子

消息的例子	说　明
get()	消息的名字是 get，其他信息未知
set(item)	消息的名字是 set，有一个参数 item
d=get(id)	消息的名字是 get，有一个参数 id，消息的返回值被存储在消息调用方法的属性 d 中
d=get(id1:type,id2:type):item	消息的名字是 get，有两个参数，id1 和 id2，这两个参数都是 type 类型的，消息返回类 item 的对象，该对象被存储在消息调用方法的属性 d 中

(2) 简单消息、同步消息和异步消息

消息分为简单消息(Simple Message)、同步消息(Synchronous Message)和异步消息(Asynchronous Message)。

简单消息只表示控制如何从一个对象发给另一个对象，并不包含控制的细节。同步消息意味着阻塞和等待，如果对象 A 向对象 B 发送一个消息，对象 A 在发出消息后必须等待消息的返回，只有当对象 B 处理消息的操作执行完毕后，对象 A 才可继续执行自己的操作，这样的消息称为同步消息。异步消息是非阻塞，如果对象 A 向对象 B 发送一个消息，对象 A 不必等待对象 B 执行完这个消息，就可以继续执行自己的下一个行为，这样的消息称为异步消息。

UML 用实体箭头表示同步消息，称为 Filled Arrow，图 7-49 中 getOrderInfo 和 getPrice 都是同步消息。

用开放式箭头表示异步消息，称为 Open Arrow，图 7-50 中 setPrice 就是一个异步消息。

(3) 对象创建消息

参与交互的对象不必在整个顺序图的完整周期中一直存在，可以根据需要，通过发送消息来创建和销毁它们。创建独享的消息称为对象创建消息(Object Creation

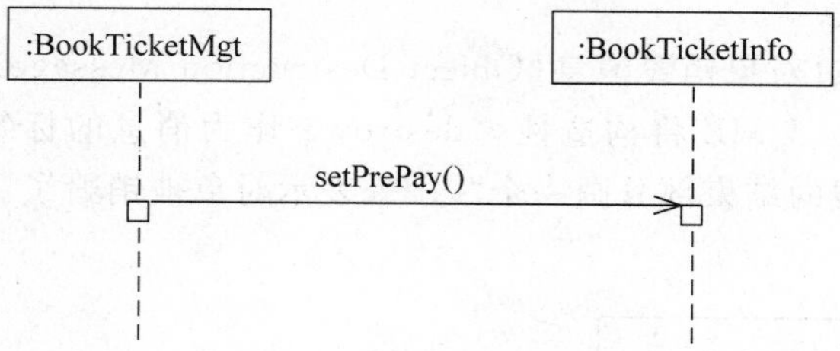

图 7-50 异步消息

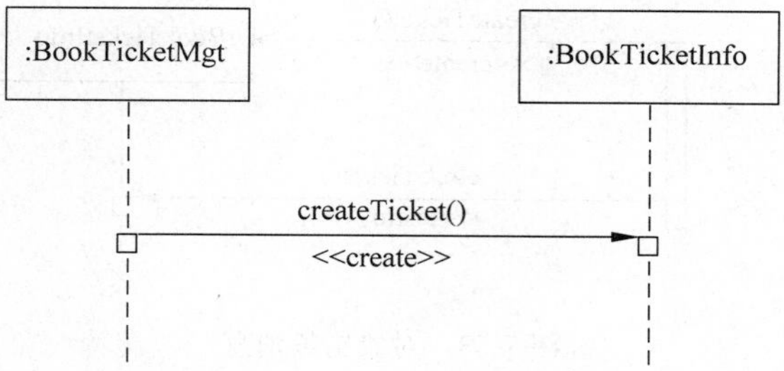

图 7-51 对象消息创建方法 1

Message)，表示对象在交互过程中被创建，通过构造性≪create≫来表示。图 7-51 为创建火车票订单的例子。

下面是图 7-42 对应的 C＃或 Java 代码。

```
public class BookTicketMgt {
    public void createTicket (){
        ⋮
        BookTicketInfo ticket = new BookTicketInfo ();
    }
}
```

对象创建也可以用图 7-52 所表示的方法来创建，即消息的箭头直接指向被创建对象生命线的头部。

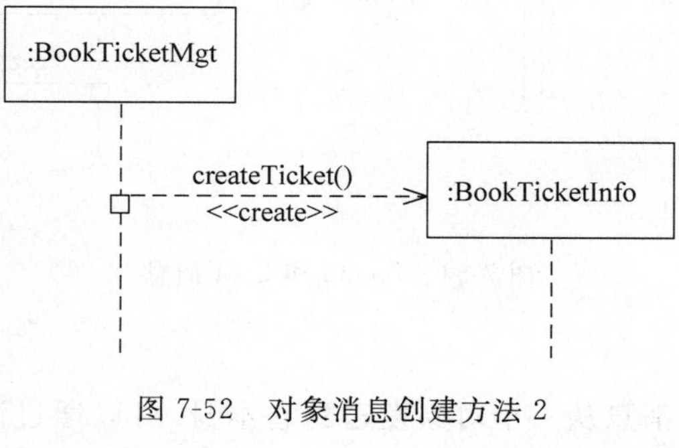

图 7-52 对象消息创建方法 2

(4) 对象销毁消息

一个对象可以通过对象销毁消息(Object Destruction Message)销毁另一个对象,当然它也可以销毁本身。UML 将构造性≪destroy≫作为消息的标签来表达对象销毁消息,同时在对象生命线的结束部分画一个"×"来表示对象被销毁了。图 7-53 就是一个对象销毁的例子。

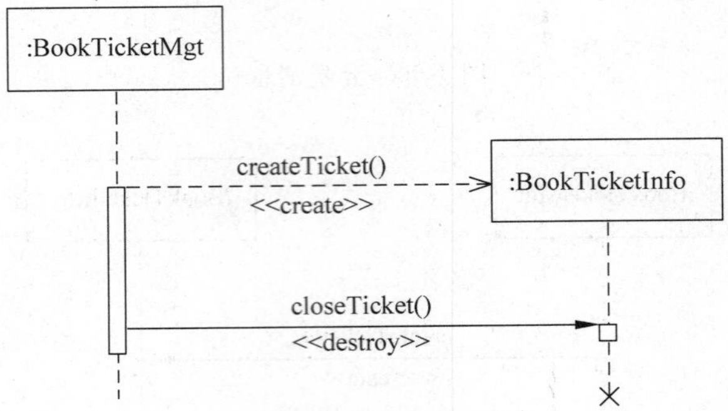

图 7-53　对象销毁消息

在.Net 或 Java 中,是使用垃圾回收机制来处理对象的销毁的。

(5) 无触发对象和无接收对象消息

无触发对象消息称为 Found Message,用活动条开始端点上的实心球加箭头来表示,它表示消息的发送者没有被详细指明,或者是一个未知的发送者,或者该消息来自一个随机的消息源。图 7-54 中消息 addNewOrder 就是一个无触发对象消息。

无接收对象消息称为 Lost Message,用箭头加实心球来表示,它描述消息的接收者没有被详细指明,或者是一个未知的接收者,或者该消息在某个时刻未被接收。图 7-54 中消息 getNewId 就是一个无接收对象消息。

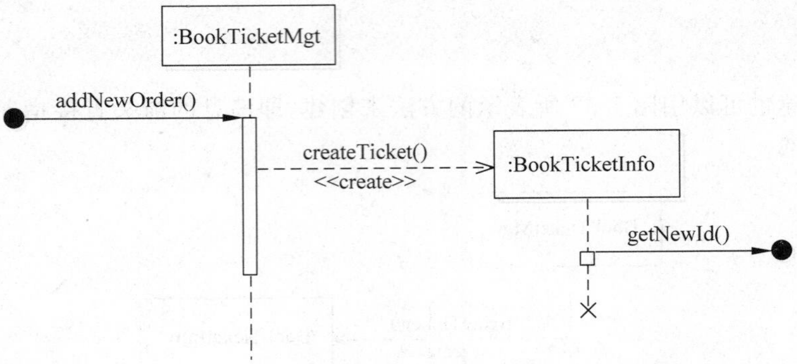

图 7-54　Found 和 Lost 消息

(6) 自我调用消息

自我调用消息表示消息从一个对象发送到它本身,可以通过活动条的嵌套来表示自我调用消息(Call Self Message),如图 7-55 所示,当火车票的预付款与余款之和等于总票价(prePay+payMoney=ticketPrice)的时候,系统就会调用 modifyState 消息更新状态,所以 modifyState 就是一个自我调用的消息。

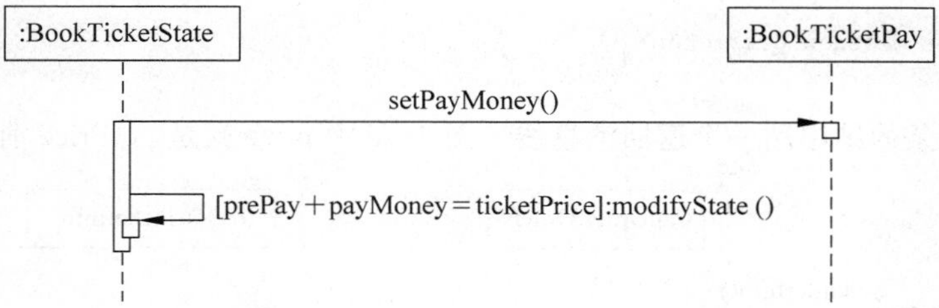

图 7-55 自我调用消息

(7) 控制消息

以下两种情况可以应用控制消息(Control Information)表达。

① 条件(Condition):仅当条件为真的时候消息才被发送,其语法为

```
[表达式]消息标签
```

```
[expression] message-label
```

其中表达式放在[expression]中。图 7-55 中[prePay + payMoney = ticketPrice] modifyState 就是表达条件的控制消息的例子。

② 迭代(Iteration):为了接收多次对象消息被发送多次,其语法为

```
* [表达式]消息标签
```

```
* [expression] message-label
```

"*"表示这是一个迭代,迭代条件放在[expression]中。图 7-56 就是迭代控制消息,它表示对 uploadTickets 消息上传的多条订票信息进行处理,BookTicketInfo 将反复向 BookTicketState 发送 modifyState 消息,直到条件表达式 i 的索引值等于 ticket 总数减 1 为止。

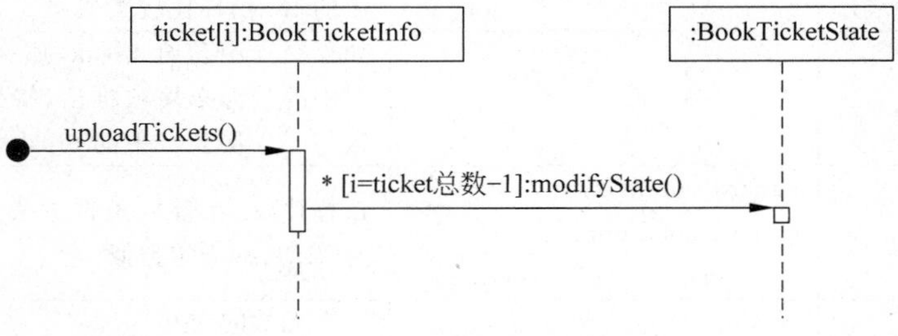

图 7-56 迭代控制消息

(8) 消息的返回值

消息的返回值(Returned Value)用虚线加开箭头的形式表示,有两种方法来表示

一个消息的返回值。

① 返回变量 = 消息(参数)

```
returnVar = message(parameter)
```

② 在活动条的结尾用一个返回消息线。图 7-57 中 price 就是 getPrice 消息的返回值。

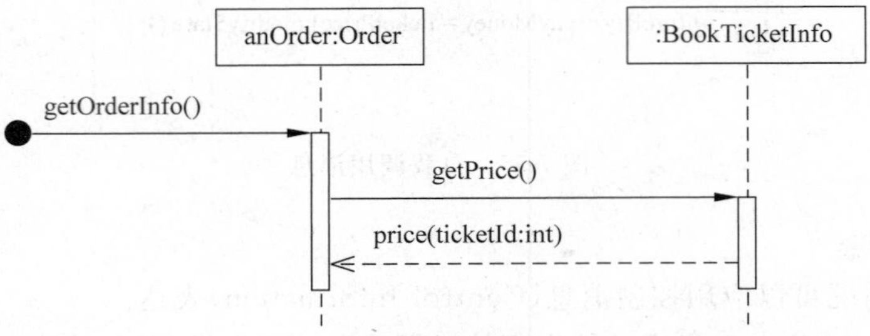

图 7-57 消息的返回值

5. 交互框

交互框(Interaction Frame)指顺序图中的区域(Region)或片段(Fragment)。交互框包含一个操作符(Operator)和一个警戒(Guard)条件,表 7-6 就是关于交互框的操作符说明。

表 7-6 交互框说明

类型	参 数	含 义
ref	无	表示交互被定义在另一个图中。可将一个规模较大的图划分为若干个规模较小的图,方便图的管理与应用
assert	无	表示发生在交互框内的交互是唯一有效的执行路径,有助于指明何时交互的每一步必须被成功执行,通常与状态变量一起使用来增强系统的某个状态
loop	min times,max times,[guard_condition]	循环片段,当条件为真时才执行,也可以写成 loop(n)来表示循环 n 次,与 C# 或 Java 中的 for 循环比较类似
break	无	如果交互中包含 break,那么任何封闭在交互中的行为必须被推出,特别是 loop 片段,这与 C# 或 Java 中的 break 语句比较类似
alt	[guard_condition1]... [guard_condition2]... [else]	选择片段,在警戒条件中表达互斥的逻辑,与 if...else 语句类似
neg	无	一个无效的交互
opt	[guard_condition]	可选片段,当警戒条件为真的时候执行
par	无	并行片段,表达并行执行
region	无	区域,表示区域内只能执行一个线程

在火车票订购管理系统中的领票功能规定，只有学生交纳了火车票的余款，才可以领取火车票，所以在系统设计中需要同时执行两步操作，用交互框的 par 片段表示，如图 7-58 所示。图中 BookTicketInfo（火车票）的对象在接收 getTicket 消息的时候，需要同时向 BookTicketPay（支付费用）的对象和 BookTicketState（火车票状态）的对象分别发送消息 setPayMoney 和 setState，实现并行操作。

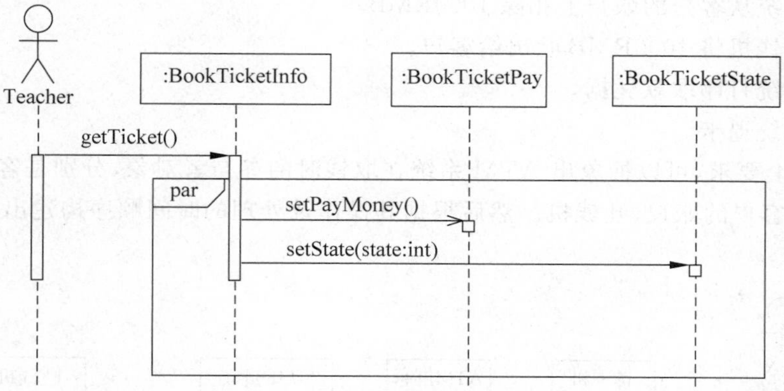

图 7-58 par 片段

6. 顺序图的建模步骤

在分析和设计过程中，建立顺序图并没有一个标准的步骤，下面给出的步骤只是指导性原则。

(1) 确定交互过程的上下文(Context)。

(2) 识别参与交互过程的对象。

(3) 为每个对象设置生命线，即确定哪些对象存在于整个交互过程中，哪些对象在交互过程中被创建和撤销。

(4) 从引发这个交互过程的初始消息开始，在生命线之间自顶向下依次画出随后的各个消息。

(5) 如果需要说明时间约束，则在消息旁边加上约束说明。

(6) 如果需要，可以为每个消息附上前置条件和后置条件。

7. 案例分析

【例 7-6】 用顺序图描述客户在 ATM 系统上取 1000RMB 的“取款”流程，其过程要包括如下需求。

(1) 客户在取款时向 ATM 系统插入银行卡。

(2) ATM 系统的读卡机读取卡号信息。

(3) 屏幕显示用户的操作界面。

(4) 屏幕提示用户输入密码。

(5) 用户根据提示输入密码。

(6) 系统检测用户的密码是否有效。

(7) 屏幕提示选择事务的操作，如查询、存款、取款等。

(8) 用户选择取款事务。
(9) 屏幕提示输入取款金额。
(10) 用户根据提示输入 1000RMB。
(11) 系统准备向客户的账号执行取钱的操作。
(12) 系统检测客户的余额是否大于等于 1000RMB。
(13) 系统从客户的账户上扣除 1000RMB。
(14) 吐钱机将 1000RMB 吐出给客户。
(15) 系统打印取款凭据。
(16) 系统退卡。

根据以上要求,可以抽象出 ATM 系统在取钱时的参与者对象,分别是客户、读卡机、ATM 屏幕、客户的账户、吐钱机。然后根据其操作及处理的时间顺序构建出如图 7-59 所示的顺序图。

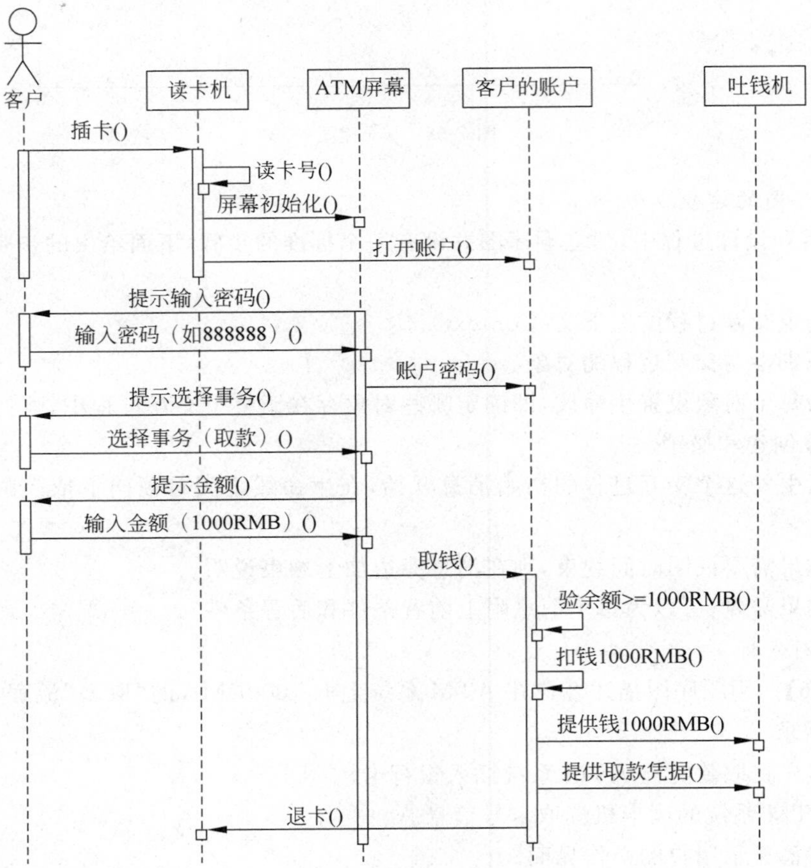

图 7-59 ATM 系统取款流程

图 7-59 展示了客户从 ATM 系统上取款的流程。取款从用户将银行卡插入读卡机开始,读卡机读卡号,打开客户的账目对象,并初始化屏幕。屏幕提示输入密码,用户输入

密码(如 888888),然后屏幕验证密码与账户对象,发出相符的信息。屏幕向客户提供选项,客户选择取款。然后屏幕提示客户输入金额,客户输入 1000RMB。系统根据屏幕输入的金额在账户中取钱。为保证能成功取到钱,系统需要检查账户的余额必须是要大于等于于 1000RMB 的,这样才能执行扣款操作。当钱从账户上扣除后,吐钱机就负责将钱吐出给用户,系统提供取款凭据,最后读卡机退卡,完成操作。

【例 7-7】 在火车票订购管理系统中,要实现生成订单的顺序图,需要执行如下步骤的操作。

(1) 学生在线填写预订信息并提交到系统中。

(2) 系统保存学生提交的订单信息,并创建订单状态对象。

(3) 系统向学生返回处理后的结果。

(4) 管理教师查询学生的预订票信息,在系统中录入预付款信息。

(5) 系统根据管理教师提交的信息创建交费信息,并修改订单的状态为 1(“等待交费”)。

(6) 系统将处理后的结果反馈给管理教师。

根据以上要求,此功能的顺序图的建模如图 7-60 所示。

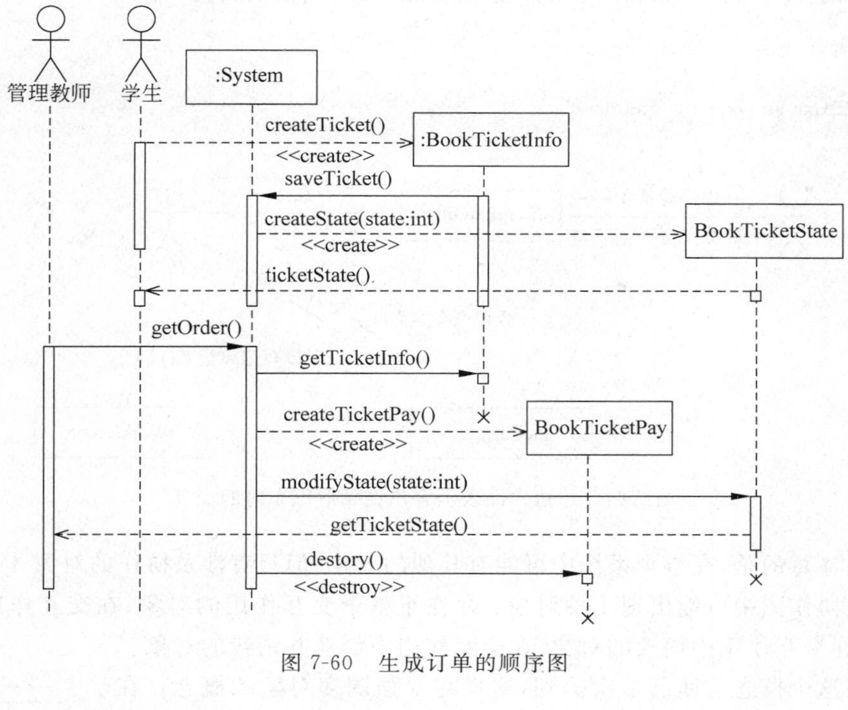

图 7-60 生成订单的顺序图

7.2.5 协作图

前面介绍了交互图的一种形式——顺序图,下面介绍交互图的另一种形式——协作图。

协作图(Collaboration Diagram /Communication Diagram,也叫通信图)是一种交互

图，强调的是发送和接收消息的对象之间的组织结构。一个协作图显示了一系列的对象和在这些对象之间的联系以及对象间发送和接收的消息。对象通常是命名或匿名的类的实例，也可以代表其他事物的实例，例如协作、组件和节点。使用协作图可以说明系统的动态情况，消息发生的顺序用图中的消息编号的方法来表示。使用协作图可以显示对象角色之间的关系，如为实现某个操作或达到某种结果而在对象间交换的一组消息。如果需要强调时间和序列，最好选择序列图，如果需要强调上下文相关，最好选择协作图。

协作图强调参与一个交互对象的组织，它由以下基本元素组成：交互的参与者(Participant)、通信链(Communication Link)和消息(Message)，表达方式为

```
协作图 = 交互额参与者 + 通信链 + 消息
communication diagram = participant + communication link + message
```

1. 协作图的表示方法

交互的参与者用一个对象符号表示，在矩形框中放置交互的参与者，显示交互的参与者的名称和它所属的类，如图 7-61 中的:RequestOrder 和:WorkRecord 等。在协作图中表示对象的方法与在对象图中表示对象的方法一致，其语法均为

```
参与者 : 类名
participants name : class name
```

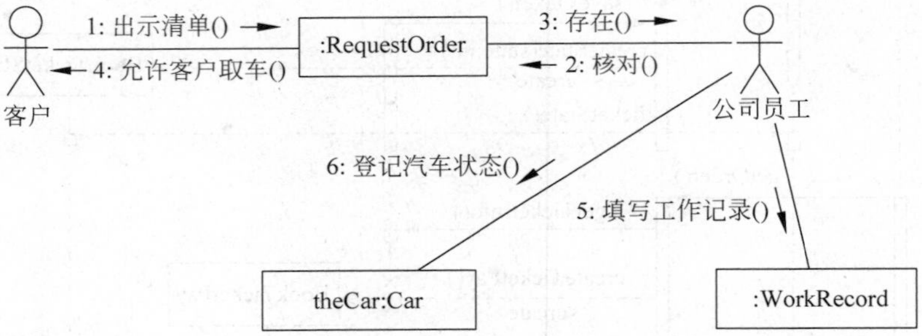

图 7-61　用协作图表示客户在领取汽车时的交互

需要注意的是，在整个系统中可能有其他的对象，但只有涉及协作的对象才会被表示出来。在协作图中可能出现 4 种对象：存在于整个交互作用的对象、在交互作用中创建的对象、在交互作用中销毁的对象、在交互作用中创建并销毁的对象。

对象这个概念前面已多次提到，这里主要强调多对象的概念。在协作图中，多对象指的是由多个对象组成的对象集合，一般这些对象是属于同一个类的。当需要把消息同时发给多个对象而不是单个对象的时候，就要使用多对象这个概念。在协作图中，多对象用多个方框的重叠表示，效果如图 7-62 所示。

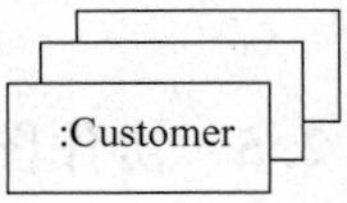

图 7-62　多对象

2. 链接

链接(Link)是两个对象之间的链接路径,它表示两个对象间的导航(Navigation)和可视性(Visibility),沿着这条路径,消息可以流动。UML 用直线表示链接。在一般情况下,一个链接就是一个关联的实例。在图 7-61 中客户和:RequestOrder 对象之间有一个链接(或称为导航路径),沿着这条路径,消息 1:出示清单和 4:允许客户取车就可以传递。

3. 消息

在协作图中,对象的消息用依附于链接的带标记的箭头和带顺序号的消息。

箭头表示消息的方向,通过消息名称及消息参数来标记。沿着一个链,可以显示许多消息,这些消息都有唯一的顺序号,可能发至不同的方向。

顺序号常用在协作图中,因为它们是说明消息相对顺序的唯一方法。在 Enterprise Architect 工具中顺序号是以分组的序号来表示,默认起始分组序号为 1,其他的分组序号由系统自动累加为 2、3、4 等,要将序号设置为新的分组序号,可在消息属性中设置当前消息为"新的分组"即可。

图 7-63 中 1:出示清单,2:核对等都是消息的例子。协作图中消息的类型也有很多种,详细说明如下。

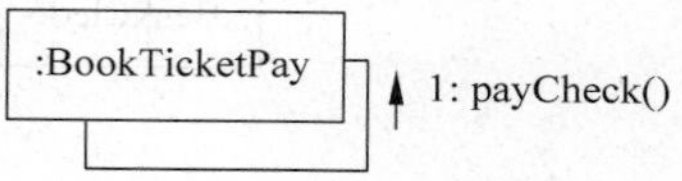

图 7-63 自我委派消息

(1) 自我委派消息

消息可以从一个对象发送到它本身,这样的消息称为自我委派消息(Self Delegation),如图 7-63 中的消息 1. payCheck。

(2) 控制消息

控制消息(Control Message)表示当当前控制条件为真的时候才会被发送。控制消息设置了可选的消息流,放置在顺序号的后面,其控制条件用中括号括起来。图 7-64 展示了控制消息对基于特定条件的消息发送的选择,它表示当 1.1 中控制体条件 prePay+payMoney= ticketPrice 为真的时候,BookTicketPay 将向 BookTicketState 发送消息 setState(),否则 BookTicketPay 向 BookTicketInfo 发送消息 getTicket。

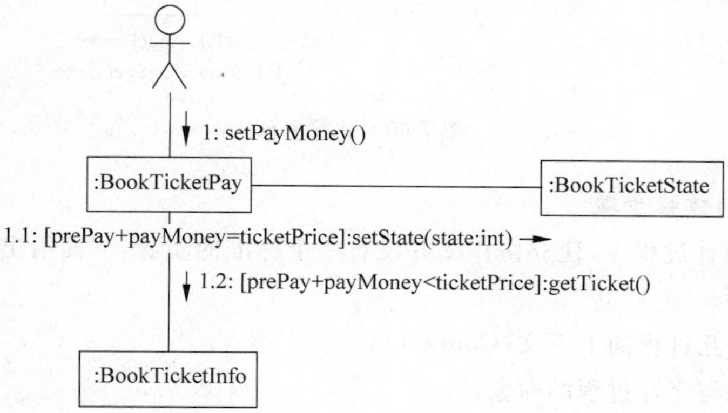

图 7-64 控制消息

(3) 嵌套消息和子消息

当一个消息导致了另一个消息被发送的时候，第二个消息被称为嵌套在第一个消息里。这样的消息被称为嵌套消息(Nested Message)。协作图中用多级消息号的形式表示这种消息的嵌套。

在图 7-64 中，消息 1.1 setState 被嵌套在消息 1. setPayMoney 中，所以被嵌套的消息 setState 被编号为 1.1。同理消息 getTicket 也是 1. setPayMoney 的嵌套消息，被编号为 1.2。

(4) 循环消息

循环消息也叫迭代消息，一个对象可能会向同一个类的多个对象同时发送一个消息。在协作图中，多个对象就用前面讲述的多对象来表示。在多对象前面可以加上用方括号括起来的条件，前面再加上一个星号，用来说明消息发送给多个对象。例如，银行出纳员(BankClerk)要按照顾客排队的次序为每名顾客(Customer)服务。可以用 while 条件表达出消息的顺序(例如 line position＝1...*n*)，用协作图表示如图 7-65 所示。

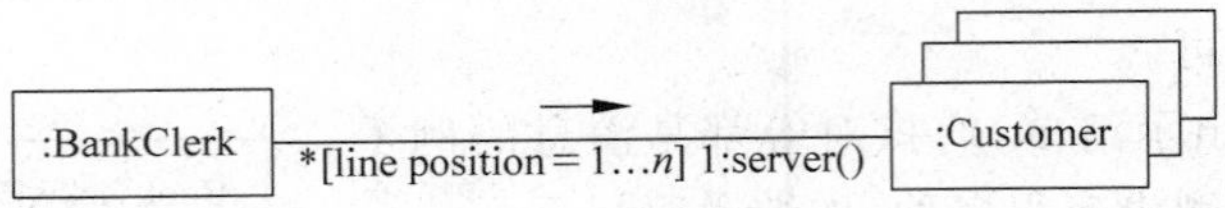

图 7-65 循环消息

如果仅想表示循环，并不想说明循环的具体细节，则只需要加“*”就可以了。

(5) 并发消息

有时候，几个消息需要被同时发送，这样的消息称为并发消息(Concurrent Message)，例如用 QQ 聊天的时候，当收到好友消息，系统会将收到的消息显示在对话框中，同时也发出消息提示音。图 7-66 展示了 QQ 在接收消息后处理的情况，消息 ring 和 showMessage 都需要被同时发送，它们都属于 1. receiveMessage 分组下的嵌套消息，所以编号设置为 1.1 和 1.2。

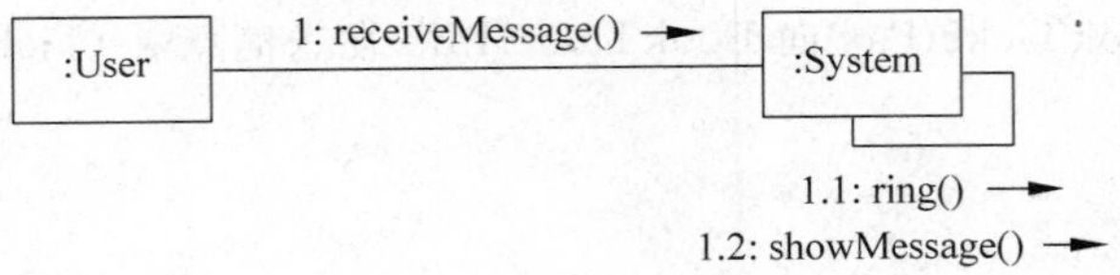

图 7-66 并发消息

4. 协作图的建模步骤

在分析和设计过程中，建立协作图并没有一个标准的步骤，下面给出的步骤只是指导性的原则。

(1) 确定交互过程的上下文(Context)。

(2) 识别参与交互过程的对象。

(3) 如果需要，为每个对象设置初始特性。

(4) 确定对象之间的链(Link)，以及沿着链的消息。

(5) 从引发这个交互过程的初始消息开始，将随后的每个消息附到相应的链上。

(6) 如果需要说明时间约束，则在消息旁边加上约束说明。

(7) 如果需要，可以为每个消息附上前置条件和后置条件。

5. 案例分析

【例 7-8】 用协作图描述例 7-6 中 ATM 的取款流程。

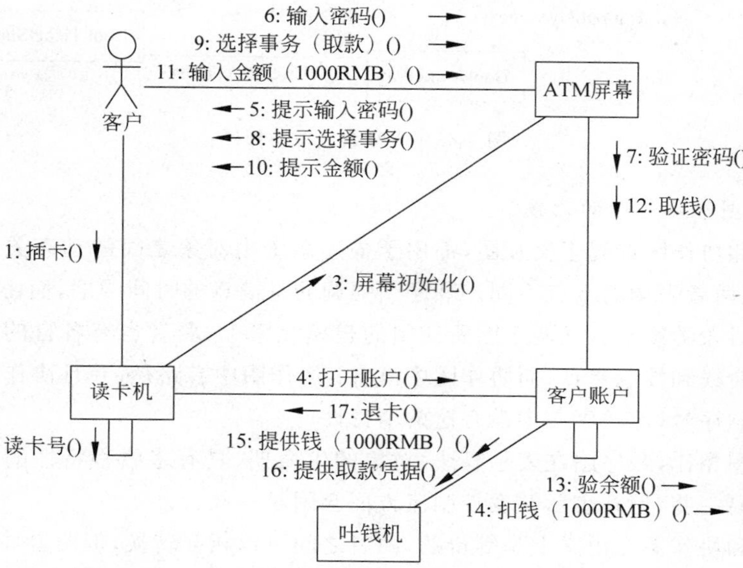

图 7-67 ATM 系统取款协作图

图 7-67 展示了用协作图建模的 ATM 系统的取款流程。在构建此协作图的时候，先找出 ATM 系统在取款流程时所关联的对象，分别是客户、读卡机、ATM 屏幕、客户账户及读卡机。

用链表示对象之间的消息传递，并为链添加对应的消息内容，如客户向读卡器发送了一个插卡的消息，读卡器又根据插入的卡读取卡号等。

消息的序号显示了对象之间消息执行的先后顺序，消息上箭头的方向也指明了消息传递的目的地。

【例 7-9】 在火车票订购管理系统中，要实现系统的领票功能，需要完成如下功能要求。

(1) 学生在管理教师处交纳火车票的余款。

(2) 管理教师查询订票信息。

(3) 管理教师将学生的余款录入到订票信息中。

(4) 系统记录学生所交费用，并记录领取时间、操作人及票的状态等信息。

(5) 学生查看订票状态。

满足以上功能要求的协作图如图 7-68 所示。

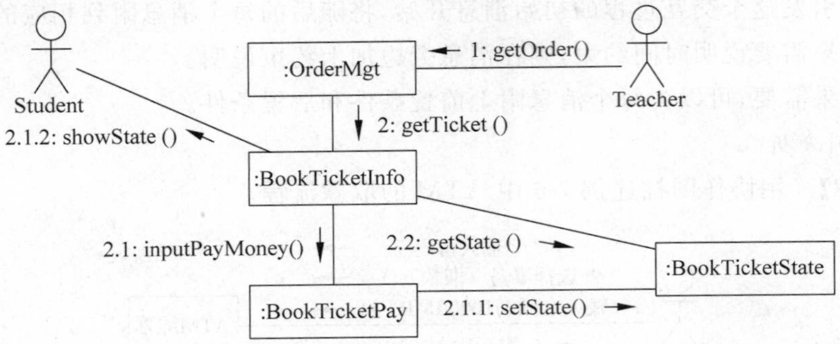

图 7-68 火车票领取协作图

6. 顺序图和协作图的比较

顺序图和协作图都属于交互图，都用于描述系统中对象之间的动态关系。两者可以相互转换，但两者强调的重点不同。顺序图强调的是消息的时间顺序，而协作图强调的是参与交互的对象的组织。在两个图所使用的建模元素上，两者也有各自的特点。顺序图中有对象生命线和控制焦点，而协作图中没有；协作图中有路径，并且协作图中的消息必须要有消息顺序号，但顺序图中没有这两个特性。

和协作图相比，顺序图在表示算法、对象的生命期、具有多线程特性的对象等方面相对来说更容易一些，但在表示并发控制流方面会困难一些。

顺序图和协作图在语义上是等价的，两者之间可以相互转换，但两者并不能完全相互代替。顺序图可以表示某些协作图无法表示的信息，同样，协作图也可以表示某些顺序图无法表示的信息。例如，在顺序图中不能表示对象与对象之间的链，对于多对象和主动对象也不能直接显示出来，在协作图中则可以表示；协作图不能表示生命线的分叉，在顺序图中则可以表示。

7.3 制作《用例实现规约说明书》

这里的用例实现规约说明书是用于软件在分析和设计阶段的用例描述，主要内容包括简介、事件流和派生需求三部分。

【例 7-10】 订票确认的用例实现规约。

用例实现规约：订票确认

1. 简介

订票确认是火车票订购管理系统中非常重要的用例，只有执行了此用例，系统的其他流程才可得以实现。操作过程为教师在录入学生的“定金”后，系统修改火车票的预订状态为“等待购票”。

(1) 目的

订票确认用例实现规约主要目的在于简要介绍火车票订购管理系统中最重要的

用例，说明该用例在系统中所起的作用及需求阶段该用例所应注意的问题。

系统开发设计人员通过本文档了解火车票订购管理系统订票确认用例的主要作用和用户需求，客户应仔细研读本文档并提出所有需要修改的需求内容。

(2) 范围

在火车票订购管理系统中与订票确认用例相关的用例主要有学生订票管理、到票登记管理，与之相关的角色是教师。

(3) 定义、首字母缩写词和缩略语

本文档按照 RUP 规范编写，RUP 是同一软件过程(Rational Unified Process)。

其他词汇可参见项目需求阶段词汇表，如无特别说明，所有定义和缩写都与此词汇表一致。

(4) 参考资料

具体参考资料请参阅软件需求阶段的用例规约(SRS)。

(5) 概述

本用例实现规约的其他部分将说明确认订票用例的事件流设计和其他派生需求，本文档的组成形式是先提出用例，然后分析事件流。在其他派生需求中将说明本用例中与其他用例相关的部分以及由此产生的需求补充说明。

2. 事件流——设计

(1) 类图表示如图 7-69 所示。

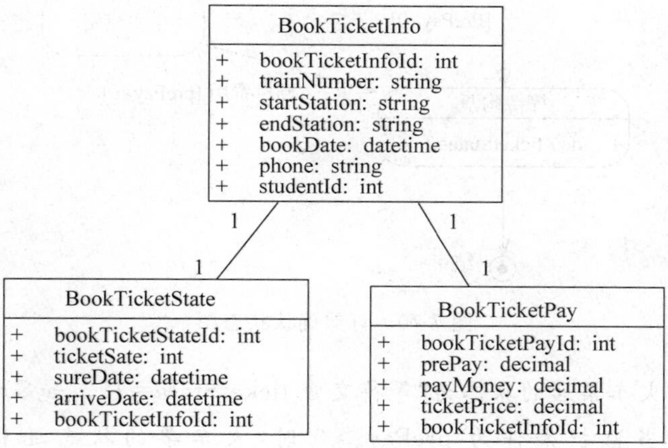

图 7-69 订票确认类图

订票确认中涉及 3 个类，分别是 BookTicketInfo(订票信息)、BookTicketState(订票状态)和 BookTicketPay(订票费用信息)。它们的主要属性说明如下。

① BookTicketInfo 类有如下这些。

bookTicketInfoId：订票 ID

trainNumber：车次

startStation：起点站

endStation：终点站

② BookTicketState 类有如下这些。

ticketSate：票的状态(1 预订,2 确认订票,3 已到票,4 已领票)

bookTicketInfoId：订票信息 ID

sureDate：确认时间

arriveDate：到票时间

③ BookTicketPay 类有如下这些。

prePay：预付款,定金

payMoney：领票时所交费用

ticketPrice：票价(prePay＋payMoney＝ticketPrice)

bookTicketInfoId：订票信息 ID

(2) 状态图表示,如图 7-70 所示。

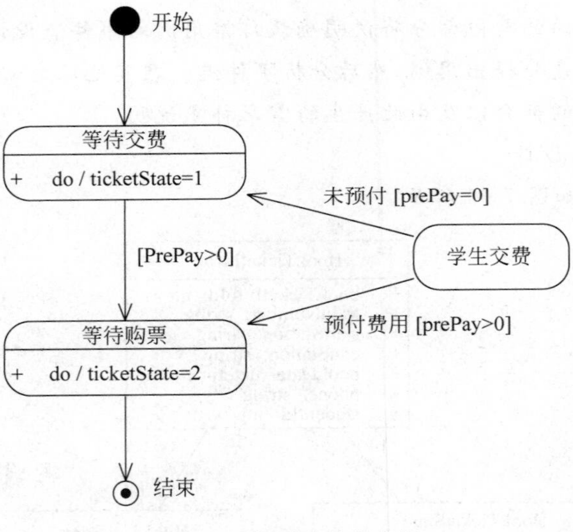

图 7-70 订票确认状态图

在学生预订火车票后的状态为“等待交费 ticketState＝1”。如果学生支付了预付费用 prePay,即当监护条件为 prePay＞0 时,火车票的状态迁移为“等待购票 ticketState＝1”。

(3) 顺序图表示如图 7-71 所示。

3. 派生需求

在确认订单,且系统保存失败后,应记录系统日志,并将页面跳转到统一的提示页面。

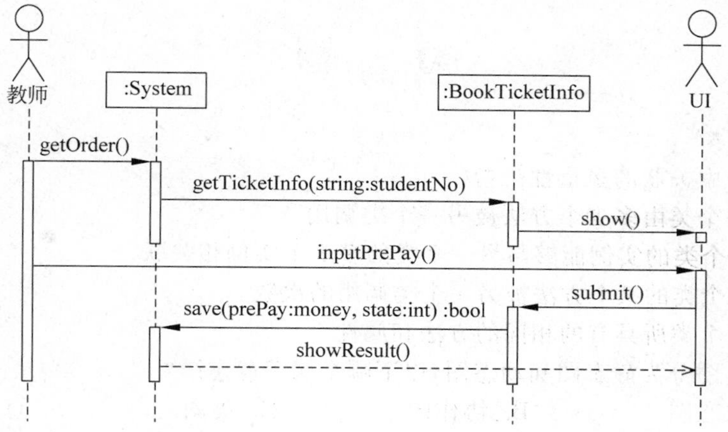

图 7-71 订票确认顺序图

本章小结

本章介绍了软件工程中项目管理的相关知识，系统地讲解了分析与设计的常用工具的使用方法，并结合火车票订购管理系统的相关功能实现 UML 建模。这里将对本章讲解的分析与设计工具做如下总结说明。

对象图描述的是在某个时间点上系统的一些对象，以及它们之间的链接和状态。它关注的是所有参与对象当时的状态，并不关注它们之间的关系。

类图中详细地阐述了建模的 3 个基本元素（类、关系和约束）的图示和语法。在实际的项目开发中，不需要在建立项目的每个类中都详细地描述类的所有属性、方法和关系。类图建模的问题是抽象，对类图描述的信息程度取决于所关注类的层次。

状态图通常用于描述一个对象的多种状态在所有可能的转换下的相互转换过程。它是把对象的某个属性的状态从复杂的对象行为中分离出来进行独立的考察。状态图虽然能精确地描述对象在不同状态下的复杂行为，但它仅仅是描述一个对象的多种状态，这使得在理解对象的所有行为时会造成局限性，所以要确定对象整体行为必须同时结合顺序图和协作图建模。

顺序图详细说明了绘制的方法，为一个简单的系统建模，使用顺序图的控制机制就足够了，但当为一个复杂的场景建模时，则需要绘制多个顺序图。另外，顺序图不适合为一个详细的算法建模，在这种情况下更好的方法是使用状态图和活动图。

协作图说明对象之间如何通过相互发送消息实现通信，它表示了一系列的对象、这些对象之间的联系以及对象之间发送和接收的消息。在选择使用协作图的原则如下：如果更关注消息调用的顺序，就使用顺序，如果更关注交互参与者间的链接，就使用协作图。

习　题

1. 选择题

(1) UML 中关联的多重性是指(　　)。

A. 一个类由多少个方法被另一个类调用

B. 一个类的实例能够与另一个类的多少个实例相关联

C. 一个类的某个方法被另一个类调用的次数

D. 两个类所具有的相同的方法和属性

(2) UML 图分为静态图和动态图,以下哪个属于静态图?(　　)

A. 状态图　　B. 协作图　　C. 类图　　D. 顺序图

(3) 类图的表示方法如图 7-72 所示,其中 B 区应该是类的(　　)。

A. 方法　　B. 名称　　C. 属性　　D. 以上都不是

(4) 图 7-73 中表示(　　)图或(　　)图的开始和结束。

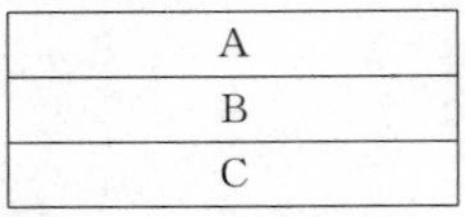

图 7-72　选择题(3)图

图 7-73　选择题(4)图

A. 类图和对象图　　B. 类图和部署图

C. 状态图和活动图　　D. 顺序图和活动图

(5) UML 图不包括(　　)。

A. 用例图　　B. 类图　　C. 状态图　　D. 流程图

(6) 在类图中,下面哪种不是类属性的可见性?(　　)

A. Public　　B. Protected　　C. Private　　D. Package

(7) 类之间的关系不包括(　　)。

A. 依赖关系　　B. 泛化关系　　C. 实现关系　　D. 分解关系

(8) 在 UML 中,协作图的组成不包括(　　)。

A. 对象　　B. 消息　　C. 发送者　　D. 链

(9) UML 中关联的多重度是指(　　)。

A. 一个类有多个方法被另一个类调用

B. 一个类的实体类能够与另一个类的多个实体类相关联

C. 一个类的某个方法被另一个类调用的次数

D. 两个类所具有的相同的方法和属性

(10) 下面哪些图形可以清楚地表达并发行为(　　)。

A. 类图　　B. 状态体　　C. 活动图　　D. 顺序图

(11) 图 7-74 表示(　　)。

A. 客户类依赖提供者类存在

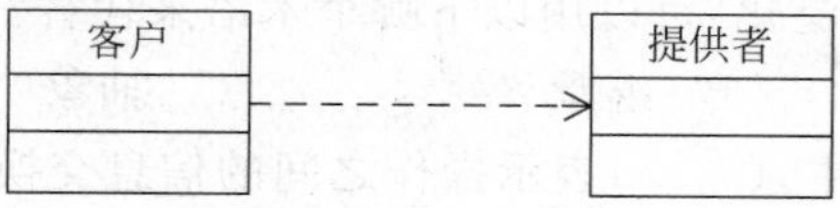

图 7-74 选择题(11)图

B. 提供者类依赖客户类存在
C. 客户类继承提供者类
D. 客户类向提供者类发送消息

(12) UML 中关联的多重度是指( )。
A. 一个类有多个方法被另一个类调用
B. 一个类的实体类能够与另一个类的多个实体类相关联
C. 一个类的某个方法被另一个类调用的次数
D. 两个类所具有的相同的方法和属性

(13) 下列关于状态图的说法中,正确的是( )。
A. 状态图是 UML 中对系统的静态方面进行建模的 5 种图之一
B. 状态图是活动图的一个特例,状态图中的多数状态是活动状态
C. 活动图和状态图是对一个对象的生命周期进行建模,描述对象随时间变化的行为
D. 状态图强调对有几个对象参与的活动过程建模,而活动图更强调对单个反应型对象建模

(14) 顺序图由类角色、生命线、活动条和( )组成。
A. 关系　　B. 消息　　C. 用例　　D. 实体

(15) 关于协作图的描述,下列不正确的是( )。
A. 协作图作为一种交互图,强调的是参加交互的对象的组织
B. 协作图是顺序图的一种特例
C. 协作图中有消息流的顺序号
D. 协作图能表示并发消息

(16) 在 UML 中,对象行为是通过交互来实现的,是对象间为完成某一目的而进行的一系列消息交换。消息序列可用两种类来表示,分别是( )。
A. 状态图和顺序图　　B. 活动图和协作图
C. 状态图和活动图　　D. 顺序图和协作图

(17) 在 UML 顺序图中,如果一条消息从对象 a 传向对象 b,那么其( )是一条从 b 指向 a 虚线有向边,它表示原消息的处理已经完成,处理结果(如果有)沿原消息传回。
A. 返回消息　　B. 创建消息　　C. 自消息　　D. 销毁消息

(18) 泛化使得( )操作成为可能,即操作的实现是由它们所使得的对象的类,而不是由调用者确定的。
A. 多重　　B. 多态　　C. 传参　　D. 传值

(19) UML 中所谓的“泛化”可以用以下哪个术语来代替？(　　)

A. 聚合　　B. 继承　　C. 抽象　　D. 封装

(20) 在 UML 活动图中，(　　)表示操作之间的信息交换。

A. 控制流　　B. 信息流　　C. 初始活动　　D. 活动

(21) 在面向对象程序设计中，对象与对象之间的协作是通过(　　)机制来实现的。

A. 参数传递　　B. 消息传递　　C. 深复制　　D. 浅复制

(22) 在状态图中，(　　)表示两个状态之间的关系：源状态和目的状态。

A. 监护条件　　B. 事件　　C. 状态　　D. 转换

2. 问答题

(1) 请按下面的属性画出类图。

类名：书(Book)

字段 1：书名(name)，字符串，公有属性。

字段 2：作者(author)，字符串，私有属性。

方法：修改书的作者(UpdateBook)，无返回值。该方法中有两个参数，第一个参数(bookname)为字符串型；第二个参数(author)为字符串型。

(2) 每一个 Vehicle(卡车)对象都有一个 Engine(引擎)对象。每个 Engine 对象包含零个或者多个齿轮(Cog)对象。请使用类图正确显示这种(聚合和组合)关系。

(3) 利用状态图实现“对电话工作”的建模，步骤如下。

① 开始电话处于空闲状态。

② 当用户开始拨打电话时，电话机进入拨号状态。

③ 如果呼叫成功，电话机就处于通话状态，如果失败，则重新进入空闲状态。

④ 当有电话接入时，电话机首先会进入响铃状态。

⑤ 如果用户接听电话，电话机就转入通话状态；如果拒接，电话机又回到空闲状态。

⑥ 结束。

(4) 绘制出图书管理系统中的用户登录活动的顺序图。

(5) 根据如下要求画出活动图。

用户在进入站点后可以直接进行查看购物车，创建新账户，并在操作完成后退出系统。

(6) 假定打电话的流程如下。

① 响拨号声。

② 拨号。

③ 拨号声停。

④ 鸣响声。

⑤ 鸣响声停。

⑥ 电话接通。

根据以上流程要求完成顺序图。

(7) 绘制图书管理系统中的学生类和借书证类，并实现它们之间的关系。关联类的要求如下。

学生类的属性有学号(stuId,int),姓名(stuName,string),班级(stuClass,string)。

借书证类的属性有借书证号(borrowID,int),读者姓名(readerName,string),读者类型(readerType,string)。

(8) 计算机由音箱、显示器、主机、键盘、鼠标组成,用类聚集关系反映它们的关系。

(9) 对象之间的关联关系有哪几种?

(10) 图书管理系统功能性需求说明如下。

① 图书管理系统能够为一定数量的借阅者提供服务。每个借阅者能够拥有唯一标识其存在的编号。图书馆向每一个借阅者发放图书证,其中包含每一个借阅者的编号和个人信息。提供的服务包括查询图书信息、查询个人信息服务和预订图书服务等。

② 当借阅者需要借阅图书、归还书籍时需要通过图书管理员进行,即借阅者不直接与系统交互,而是通过图书管理员充当借阅者的代理和系统交互。

③ 系统管理员主要负责系统的管理维护工作,包括对图书、数目、借阅者的添加、删除和修改,并且能够查询借阅者、图书和图书管理员的信息。

④ 可以通过图书的名称或图书的ISBN/ISSN号对图书进行查找。

回答下面问题。

① 该系统中有哪些参与者?

② 确定该系统中的类,找出类之间的关系并画出类图。

③ 画出语境"借阅者预订图书"的时序图。

第 8 章

拓展项目

本章任务

分析设计进销存管理系统。

知识目标

(1) 巩固、复习 UML 图。

(2) 巩固、复习 RUP 软件分析、设计过程。

能力目标

(1) 提高业务、需求分析能力。

(2) 提高系统设计能力。

(3) 提高合理使用 UML 图的能力。

任务描述

根据进销存管理系统的业务需求描述，分析业务需求，优化业务处理流程，进行业务及用例建模，完成《需求规格说明书》，在此基础上进行系统架构设计，巩固用于系统架构设计的 UML 图，并完成 3～5 个用例的分析、设计。

8.1 需求产生的背景

在市场经济中，销售是企业运作的重要环节。为了更好地推动销售，不少企业在建立分公司后实行代理制，通过分公司或代理商把产品推向最终用户。这些分公司或代理商大多分布在全国各地，甚至是在国外，远距离频繁的业务信息交流是这些企业业务活动的主要特点。

在传统方式上，公司之间通常采用电传、电报、电话等方式传递订货、发货、到货、压货、换货、退货等信息，总公司的商务部门在接到分公司或代理商传来的订单和银行汇款单据传真件后，开具产品出库通知，然后再把相关的进、销、存信息手工存档，再对这些信息进行统计分析，才能了解到整个公司的生产、销售和库存情况。

进销存管理软件是商业企业经营管理中的核心环节，也是一个企业能否取得效益的关键。如果能做到合理生产、及时销售、库存量最小、减少积压，那么企业就能取得最佳的效益。

8.1.1 企业信息化状况

目前，该企业进销存管理均采用纯手工纸质模式。

企业现已有一套用户单点登录管理系统，当用户录入账号和密码后传入指定的地址即可实现用户信息的验证功能。

8.1.2 问题的提出

传统的信息传递和管理方式不仅效率低，可靠性、安全性和保密性也无法满足要求，而且数据统计时间严重滞后，往往是当领导了解到企业的“进、销、存”出现问题时，早已产生了严重的后果。即使是没有分公司的企业，使用传统的手工方式管理也存在同样的问题：信息化不足，计算机使用率低，大量的日常工作皆是手工处理，导致工作效率低下，企业内部沟通不良等问题很难克服，仓库管理也很不合理，不能及时根据需要调整库存。而且在手工管理的情况下，销售人员很难对客户做出正确的供货承诺，同时企业的生产部门也缺少一份准确的生产计划，目前的生产状况和市场的需求很难正确反映到生产中去。这在激烈的市场中是非常不利的，所以公司迫切希望解决如下问题。

(1) 建立一个集成的信息平台和信息系统，加强各个业务部门之间的信息沟通。

(2) 解决企业内部统一的物料编码管理，物流管理中的信息流通，库存积压与物料的配套问题。

(3) 销售部门能方便地根据预测信息、各仓库的库存信息和客户的要货情况做出货物的调拨计划和改制计划。

(4) 随时了解供应商的供货执行情况及公司的各仓库库存情况，以便随时协调或采取合适的补救措施。

(5) 管理供应商在供应到货的到期日前，应主动与供应商联系，检查及时到货的可能性；同时在物流和信息流上允许供应商的部分零件直接发货到客户处。对供应商的考核从质量、交货及时程度和价格上给出统计数据。

(6) 提供现有库存及历史记录等多方位查询需求。

(7) 库存信息与供应和生产等各部门的及时反馈和共享问题信息查询与决策，对公司的各种资源与信息进行查询、统计分析，并根据信息做出快速合理的经营决策，增强应变反应能力。

8.1.3 现有业务流程

该企业以订单为依据，进销存的主要流程如下。

(1) 企业在接到一张销售订单后，由销售部门转给采购部门。

(2) 采购部门根据销售订单上的生产厂家、产品、数量和库存情况下出库单或采购单。如果库存中有足够的商品则下出库单，否则下采购单。

(3) 采购部门在下采购单后与生产厂家联系采购相关事项。当采购单上的每一笔商品到货后产生一张入库单并转给仓库管理部门。

(4) 仓库管理部门根据入库单将商品入库并更新商品库存情况。

(5) 在商品入库后，仓库管理部门根据销售单备货并产生一张出库单，同时更新商品库存情况。

(6) 在商品出库后即完成该笔销售业务。

在手工操作的条件下，各个部门之间的沟通困难，例如当采购部下完采购订单之后，仓库是否如期到货，必须去仓库询问，而且即使询问了，有时候因为订单较多材料有可能重复，而无法确定是哪一张采购单到货，哪一张没有到货，再例如，销售部门在下过内部订单之后，就容易了解到这个单子上的这批货物到底处于什么状态，是已发完，还是未发，生产是否完毕等，要无数次地询问仓库和生产部门才能了解到部分情况，等等，这一系列问题均迫待解决，随着经济的全球化以及中国经济改革的逐渐深化，制造业面临着越来越激烈的竞争，改善企业内部以及整个供应链各个环节的管理、调度及资源配置，迅速适应客户的新需求和市场新机遇的能力，是中国企业赢得竞争胜利的决定性因素，如何快速有效地实现跟单，如何有效地控制库存，这一切都是本进销存管理系统所力求实现的功能。

从根本上说，企业就是一个利用资源(人、财、物、时间)为客户创造价值的组织，企业资源计划就是对这些资源进行计划、调度、控制、衡量、改进的管理技术和信息系统。现今的企业并不只是人力资源、资金和产品的组合，它还应该包括供应、销售、市场营销、客户服务、需求预测，以及其他更多的东西。如果一个企业资源计划系统真正想要最大限度地提高其生产能力，它必须能够非常融洽地和其他关键性的商务领域进行交流。

8.1.4 预期愿景

1. 系统运行集成化

这是系统在技术解决方案方面最基本的表现。系统是对企业物流、资金流、信息流进行一体化管理的软件系统，其核心管理思想就是实现对“供应链”的管理。软件的应用将跨越多个部门甚至多个企业。为了达到预期设定的应用目标，最基本的要求是系统能够运行起来，实现集成化应用，建立企业决策完善的数据体系和信息共享机制。

一般来说，如果系统仅在财务部门应用，只能实现财务管理规范化、改善应收账款和资金管理；仅在销售部门应用，只能加强和改善营销管理；仅在库存管理部门应用，只能帮助掌握存货信息；仅在生产部门应用只能辅助制订生产计划和物资需求计划。只有集成一体化运行起来，才有可能达到以下目的。

(1) 降低库存，提高资金利用率和控制经营风险。

(2) 控制产品生产成本，缩短产品生产周期。

(3) 提高产品质量和合格率。

(4) 减少财务坏账、呆账金额等。

(5) 这些目标能否真正达到，还要取决于企业业务流程重组的实施效果。

2. 业务流程合理化

这是系统在改善管理效率方面的体现。系统成功的前提是必须对企业实施业务流程重组。因此,企业资源计划的成功应用也意味着企业业务处理流程趋于合理化,并实现了企业资源计划应用的以下几个最终目标。

(1) 企业竞争力得到大幅度提升。

(2) 企业面对市场的响应速度大大加快。

(3) 客户满意度显著改善。

3. 绩效监控动态化

企业资源计划的应用,将为企业提供丰富的管理信息。如何用好这些信息并在企业管理和决策过程中真正起到作用,是衡量企业资源计划应用成功的另一个标志。在企业资源计划系统完全投入实际运行后,企业应根据管理需要,利用企业资源计划系统提供的信息资源设计出一套动态监控管理绩效变化的报表体系,以期即时反馈和纠正管理中存在的问题。这项工作,一般是在企业资源计划系统实施完成后由企业设计完成。企业如未能利用企业资源计划系统提供的信息资源建立起自己的绩效监控系统,将意味着企业资源计划系统应用没有完全成功。

4. 合理改善持续化

随着企业资源计划系统的应用和企业业务流程的合理化,企业管理水平将会明显提高。为了衡量企业管理水平的改善程度,可以依据管理咨询公司提供的企业管理评价指标体系对企业管理水平进行综合评价。评价过程本身并不是目的,为企业建立一个可以不断进行自我评价和不断改善管理的机制,才是真正目的。

8.1.5 系统要求

(1) 在提高企业经济效益、增强企业市场竞争力方面:提高客户服务效益、降低客户服务成本、提高库存效率、降低库存成本。

(2) 在系统应用方面:降低企业信息系统的总体拥有与使用成本,增强企业活力。

提高处理效率,降低硬件成本;提供友好界面,降低培训成本;提供灵活接口,降低扩充成本;提高使用效率,降低作业成本;提高沟通效率,降低沟通成本;提高维护效率,降低维护成本;加强系统纠错,降低失误成本;提高数据安全,降低保密成本。

(3) 系统设计近期的目标是实现企业进销存管理系统的系统化,规范化和自动化。

① 建立基本资料信息库,规范所有资料信息。

② 库存控制半自动化,加强了各个部门之间的联系。

③ 高库存管理的服务水平,最大限度地降低库存量,包括中间库存和在制品的库存,以减少在库存上的资金积压。

④ 最大限度地保证订货任务的按期完成。

⑤ 提高计划的可能性,实现均衡生产。

⑥ 集成管理职能,提高管理效率。

8.2 需求分析

本节编者将引导读者完成进销存管理系统的需求分析。在一般情况下，可以将需求分析细化为 3 个步骤，如图 8-1 所示。

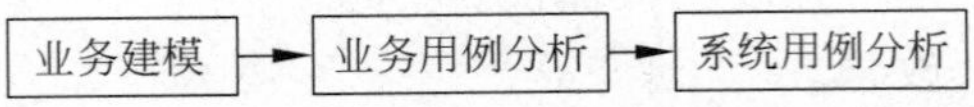

图 8-1　需求分析过程

业务建模：确定项目的范围和高阶需求。

业务用例分析：在业务建模的基础上捕获与业务相关的角色和角色发起的用例。

系统用例分析：在业务用例分析的基础上，分析支撑业务用例的系统用例，和业务用例一起组成系统需求。

8.2.1　业务建模

任务描述：了解系统产生的背景、问题、预期愿景及系统要求，对系统业务流程提出优化方案，并使用 UML 工具进行业务建模描述系统范围及高阶需求。

任务要求：

(1) 分组讨论手工进销存管理系统的缺陷，提出流程优化方案。

(2) 使用活动图描述进销存管理系统的手工业务流程和优化后业务流程。

8.2.2　业务用例

任务描述：根据上节优化后的业务流程，确定角色，并捕捉角色在业务流程中发起的业务用例。

任务要求：

(1) 捕捉系统参与者，确定每个参与者发起的业务用例。

(2) 确定系统边界，绘制系统业务总体用例图。

(3) 选取主要业务流程中不少于 3 个用例进行描述，按教师提供的模板完成《用例规约》说明书。

8.2.3　系统用例

任务描述：在分析、描述 8.1 节业务用例过程中，可能会产生新的用例来支撑这些业务用例的正常动作，这些产生的用例即是系统用例，业务用例和系统用例一起产生系统的需求，这些需求是系统开发的蓝本，也是系统验收的标准。

任务要求：

(1) 在分析、描述上节业务用例时，可能需要增加新的用例来支撑这些业务用例的正常动作，当产生新的用例时则需求进一步定义并准确描述它，而且，在用例图中也应该准确标注它(同时包含了系统用例和业务用例的用例图叫系统用例图)。

（2）将上一步骤要描述的用例合并到教师提供的《软件需求规格说书》中，形成正式的《软件需求规格说明书》，打印后请教师签字。

8.3 架构设计

在完成系统需求分析后就需要进一步确定系统架构，或叫系统总体设计，在这个阶段，系统开发架构将被确定，分析设计及开发人员可以在此基础上完成系统用例。架构设计是一个非常复杂的领域，本次拓展项目练习只涉及使用 UML 图的部分。

8.3.1 组件图

任务描述：根据描述，该企业现正运行一套单点登录管理系统。单点登录系统可以实现账户信息统一管理功能，可以极大地减少企业用户记忆账号的负担，从而给用户更好的用户操作体验。所以，在进销存管理系统向单点登录管理系统进行数据共享是必要的。

任务要求：

（1）分析进销存管理系统与单点登录管理系统之间的数据交互关系。

（2）完成进销存管理系统与单点登录管理系统组件图。

8.3.2 包图

任务描述：在架构设计中，系统分层无论在扩展性上还是代码重用性上都可以带来很多好处，分层架构设计几乎成了软件架构设计中不可或缺的内容。而描述分包结构最好的方式之一莫过于使用包图。假定进销存管理系统采用 3 层结构设计，请使用包图描述它。

任务要求：

（1）使用包图描述 3 层结构。

（2）在包图中描述在 3 层结构中各个项目之间的依赖关系。

8.3.3 顺序图

任务描述：在架构设计中，软件设计工程师及程序员可以通过包图来了解系统的分层及依赖情况，但他们并不了解各层次之间数据及信息的交互情况，这时需求描述一个典型的用例场景来说明，而在系统架构中描述用例场景最好的方法是使用顺序图。

任务要求：

（1）使用顺序图描述在系统架构中实现一个用例的信息交互情况。

（2）描述在系统架构中实现该用例的过程及返回消息。

8.3.4 部署图

任务描述：为了使软件的最终用户了解系统发布后的软件和硬件环境，通常要在架构设计中反映系统运行的环境，使用部署图描述将会非常清晰。

任务要求：

(1) 使用部署图描述系统发布后的软件环境。

(2) 使用部署图描述系统发布后的硬件配置。

(3) 将上述四部分内容按老师提供的模板分别设置到《架构设计说明书》中适当的位置。

8.4 分析与设计

在完成了系统的需求分析和架构设计后，就需要对系统的功能进行设计。本拓展项目将利用本书提供的UML知识用类图、对象图、状态图、顺序图和协作图对系统的功能进行建模设计。

8.4.1 类图

任务描述：类图是一种非常重要的UML设计工具，它一般用在软件的详细设计阶段，主要用来描述系统中各个模块中类之间的关系，包括类或者类与接口的继承关系，类之间的关联、聚合/组合、依赖等关系。

由于类是构成类图的基础，所以在构造类图之前，首先要定义类，也就是将系统要处理的数据抽象为类的属性，将处理数据的方法抽象为类的操作。要准确地定义类，需要对问题域有透彻准确的理解。在定义类时，通常应当使用问题域中的概念，并且类的名字要用类实际代表的事物进行命名。

通过自我提问和回答下列问题，将有助于在建模时准确地定义类。

(1) 在要解决的问题中有没有必须存储或处理的数据，如果有，那么这些数据可能就需要抽象为类，这里的数据可以是系统中出现的概念、事件或者仅在某一时刻出现的事务。

(2) 有没有外部系统，如果有，可以将外部系统抽象为类，该类可以是本系统所包含的类，也可以是能与本系统进行交互的类。

(3) 有没有模板、类库或者组件等，如果有，这些可以作为类。

(4) 系统中有什么角色，这些角色可以抽象为类，例如用户、客户等。

(5) 系统中有没有被控制的设备，如果有，那么在系统中应该有与这些设备对应的类，以便能够通过这些类控制相应的设备。

通过自我提问和回答以上列出的问题有助于在建模时发现需要定义的类；但定义类的基本依据仍然是系统的需求规格说明，应当认真分析系统的需求规格说明，进而确定需要为系统定义哪些类。

根据本拓展项目的需求描述完成如下的任务。

任务要求：

(1) 用类图描述进销存系统中所涉及的类。

(2) 在类图中列举出每个类的主要属性。

(3) 在类图中描述类之间的关系，如关联关系、聚合/组合关系、依赖关系等。

8.4.2　对象图

任务描述：企业在接到一张销售订单后，由销售部门转给采购部门。采购部门根据销售订单上的生产厂家、产品、数量和库存情况下出库单或采购单。如果库存中有足够的商品则下出库单，否则下采购单。根据这个需求的描述，采购部门在接到订单后要能快速做出是下出库单还是采购单，最好的方式就是由系统根据库存情况自动做出判别。为了能准确表达它们之间的关系，可以采用对象图对其进行描述。

任务要求：

(1) 分析销售订单的处理流程。

(2) 分析出与销售订单相关联的对象。

(3) 用对象图描述销售订单处理的对象及关系。

8.4.3　状态图

任务描述：拓展项目中的库存量会随着进货、销售等环节的产生而发生变化。也就是说在系统中，系统的库存在入库、出库后系统的状态会发生变化，可以利用状态图来准确描述库存在不同状态下的情况。

任务要求：

(1) 分析业务，找出系统中与库存相关的状态。

(2) 描述每种状态之间的迁移关系。

8.4.4　顺序图

任务描述：顺序图是显示对象之间交互的图，这些对象是按时间顺序排列的。本拓展项目中多个业务点采用顺序图的方式来描述，会对系统逻辑的处理有更加清晰的理解。

任务要求：

(1) 用顺序图描述商品采购流程。

(2) 用顺序图描述商品出库流程。

(3) 用顺序图描述商品入库流程。

(4) 用顺序图描述采购→入库→出库的处理流程。

8.4.5　协作图

任务描述：协作图显示了一系列的对象和在这些对象之间的联系以及对象间发送和接收的消息，它在语义表达上与顺序图是相同的，只是顺序图强调的是时间顺序关系，而协作图强调的是对象组织，在消息传递的时候，用序号来表示传递的顺序。为了加强对协作图的理解与掌握，需完成与顺序图相同业务的建模。

任务要求：

(1) 用协作图描述商品采购流程。

(2) 用协作图描述商品出库流程。

(3) 用协作图描述商品入库流程。

(4) 用协作图描述采购→入库→出库的处理流程。

附录　习题答案

第 1 章

1. 选择题

题号	(1)	(2)	(3)	(4)	(5)	(6)	(7)	(8)	(9)	(10)
答案	C	D	A	A	B	F B C E C E	A	D	B	A

2. 问答题

(1) 瀑布模型中的“瀑布”是对这个模型的形象表达，核心思想是按工序将问题化简，将功能的实现与设计分开，便于分工协作，即采用结构化的分析与设计方法将逻辑实现与物理实现分开。其将软件生命周期划分为可行性分析、项目计划、需求分析、软件设计、编码与单元测试、系统集成与验收和系统运行与维护 7 个基本活动，并且规定了它们自上而下、相互衔接的固定次序，如同瀑布流水，逐级下落，逐层细化。瀑布模型中的逐层细化则是指对软件问题的不断分解而使问题不断具体化、细节化，以方便问题的解决。

瀑布模型的局限如下。

① 在项目各个阶段之间极少有反馈。

② 只有在项目生命周期的后期才能看到结果。瀑布模型是一种线性模型，要求项目严格按规程推进，必须等到所有开发工作全部做完以后才能获得可以交付的软件产品。所以，通过瀑布模型并不能对软件系统进行快速创建，对于一些急于交付的软件系统的开发，瀑布模型有操作上的不便。

③ 通过过多的强制完成日期和里程碑来跟踪各个项目阶段。

④ 瀑布模型的突出缺点是不适应用户需求的变化。瀑布模型主要适合于需求明确，且无大的需求变更的软件开发，例如编译系统、操作系统等。但是，对于那些分析初期需求模糊的项目，例如那些需要用户共同参加需求定义的项目瀑布模型有使用上的不便。

(2) 答：统一过程的 4 个阶段为初始阶段(Inception)、细化阶段(Elaboration)、构造阶段(Construction)、产品化(提交)阶段(Transition)。

主要工作包括如下内容。

① 初始阶段：编制简要的愿景文档、业务案例、确定范围、粗略评估成本。

② 细化阶段：细化愿景文档、迭代地实现核心构架、解决高风险的问题、定义大多数的需求和范围、进一步评估成本。

③ 构造阶段：迭代地实现系统的其余部分、准备部署。

④ 产品化阶段：Beta 测试、部署。

(3) 答：敏捷方法主要有两个特点，这也是其区别于其他方法，尤其是区别于重型方法的最主要特征。

① 敏捷开发方法是"适应性"(Adaptive)而非"预设性"(Predictive)。

② 敏捷开发方法是"面向人"(People Oriented)而非"面向过程"(Process Oriented)。

敏捷开发的目的是建立起一个团队全员都可以参与到软件开发中的项目,包括设定软件开发流程的管理人员,只有这样软件开发流程才有可接受性。同时敏捷开发要求研发人员能够独立自主在技术上进行决策,因为他们是最了解什么技术是需要和不需要的。再者,敏捷开发特别重视项目团队中的信息交流,有调查显示:"项目失败的原因最终都可追溯到信息没有及时准确地传递到应该接受它的人。"

(4) 答:① 问题定义;

② 可行性研究;

③ 需求分析;

④ 总体设计;

⑤ 详细设计;

⑥ 编码和单元测试;

⑦ 综合测试;

⑧ 软件维护。

(5) 答:① 为开发人员提供这种模仿现实世界的表达方式。

② 让分析员使用客户所采用的术语和客户交流,促使客户说出所要解决的问题的重要环节。

(6) 答:增量开发包括以下两层意思。

① 将复杂的系统功能分多次迭代,一部分一部分地实现。

② 将所有功能按其优先级分别安排在不同的迭代中实现。

(7) 答:用例图、静态图(包括类图、对象图和包图)、行为图、交互图和实现图。

(8) 答:统一建模语言(UML)是一种绘制软件蓝图的标准语言。可以用 UML 对软件密集型系统的制品进行可视化详述和文档化。UML 是一种定义良好、易于表达、功能强大且普遍适用的可视化建模语言。它融入了软件工程领域的新思想、新方法和新技术。它的作用域不限于支持面向对象的分析与设计,还支持从需求分析开始的软件开发的全过程。UML 的作用就是用很多图从静态和动态方面来全面描述将要开发的系统。

(9) 答:CASE 工具分类的标准可分为以下 3 种。

① 功能。功能是对软件进行分类的最常用的标准。

② 支持的过程。根据支持的过程,工具可分为设计工具、编程工具、维护工具等。

③ 支持的范围。根据支持的范围,工具可分为窄支持、较宽支持和一般支持工具。窄支持是指支持过程中特定的任务;较宽支持是指支持特定过程阶段;一般支持是指支持覆盖软件过程的全部阶段或大多数阶段。

其应用特点如下。

① 解决了从客观世界对象到软件系统的直接映射问题,强有力地支持软件、信息系统开发的全过程。

② 使结构化方法更加实用。

③ 自动检测的方法提高了软件的质量。

④ 使原型化方法和OO方法付诸于实施。

⑤ 简化了软件的管理和维护。

⑥ 加速了系统的开发过程。

⑦ 使开发者从大量的分析设计图表和程序编写工作中解放出来。

⑧ 使软件的各部分能重复使用。

⑨ 产生出统一的标准化的系统文档。

(10) 答：首先是描述需求；其次根据需求建立系统的静态模型，以构造系统的结构；最后是描述系统的行为。其中在第一步与第二步中所建立的模型都是静态的，包括用例图、类图(包含包)、对象图、组件图和配置图5个图形，是标准建模语言UML的静态建模机制。其中第三步中所建立的模型或者可以执行，或者表示执行时的时序状态或交互关系。它包括状态图、活动图、顺序图和协作图4个图形，是标准建模语言UML的动态建模机制。因此，标准建模语言UML的主要内容也可以归纳为静态建模机制和动态建模机制两大类。

(11) 标准建模语言UML的重要内容可以由下列5类图(共9种图形)来定义。

① 用例图，从用户角度描述系统功能，并指出各功能的操作者。

② 静态图 (Static Diagram)包括类图、对象图和包图。其中类图描述系统中类的静态结构。不仅定义系统中的类，表示类之间的联系如关联、依赖、聚合等，也包括类的内部结构(类的属性和操作)。类图描述的是一种静态关系，在系统的整个生命周期都是有效的。

对象图是类图的实例，几乎使用与类图完全相同的标识。它们的不同点在于对象图显示类的多个对象实例，而不是实际的类。一个对象图是类图的一个实例。由于对象存在生命周期，因此对象图只能在系统某一时间段存在。

包由包或类组成，表示包与包之间的关系。包图用于描述系统的分层结构。

① 行为图(Behavior Diagram)描述系统的动态模型和组成对象间的交互关系。行为图包括状态图、活动图、顺序图和协作图。其中状态图描述类的对象所有可能的状态以及事件发生时状态的转移条件。通常，状态图是对类图的补充。在实用上并不需要为所有的类画状态图，仅为那些有多个状态其行为受外界环境的影响并且发生改变的类画状态图。而活动图描述满足用例要求所要进行的活动以及活动间的约束关系，有利于识别并行活动。活动图是一种特殊的状态图，它对于系统的功能建模特别重要，强调对象间的控制流程。

顺序图展现了一组对象和由这组对象收发的消息，用于按时间顺序对控制流建模。用顺序图说明系统的动态视图。协作图展现了一组对象，这组对象间的连接以及这组对象收发的消息。它强调收发消息的对象的结构组织，按组织结构对控制流建模。

顺序图和协作图都是交互图，顺序图和协作图可以相互转换。

② 交互图(Interactive Diagram)描述对象间的交互关系。其中顺序图显示对象之间的动态合作关系，它强调对象之间消息发送的顺序，同时显示对象之间的交互；协作图描述对象间的协作关系，协作图跟顺序图相似，显示对象间的动态合作关系。除显示信息交换外，协作图还显示对象以及它们之间的关系。如果强调时间和顺序，则使用顺序图；如

果强调上下级关系，则选择协作图。这两种图合称为交互图。

③ 实现图（Implementation Diagram）。其中组件图描述代码部件的物理结构及各部件之间的依赖关系。一个部件可能是一个资源代码部件、一个二进制部件或一个可执行部件。它包含逻辑类或实现类的有关信息。部件图有助于分析和理解部件之间的相互影响程度。配置图定义系统中软硬件的物理体系结构。它可以显示实际的计算机和设备（用节点表示）以及它们之间的连接关系，也可显示连接的类型及部件之间的依赖性。在节点内部，放置可执行部件和对象以显示节点跟可执行软件单元的对应关系。

第 2 章

1. 选择题

题号	(1)	(2)	(3)	(4)	(5)	(6)	(7)	(8)	(9)	(10)
答案	A	A	A	B	D	A	B	C	D	B

2. 问答题

(1) RUP 是一种软件开发方法，它提供了在开发组织中分派任务和责任的纪律化方法，它的目标是在可预见的日程和预算前提下，确保满足最终用户需求的高质量产品。它的优势如下。

① RUP 提高了团队生产力。

② RUP 有效地使用 UML 指南。

③ RUP 能对大部分开发过程提供自动化的工具支持。

④ RUP 是可配置的过程。

⑤ 有大量最佳实践经验给开发团队提供了大量的成功案例参考。

(2) RUP 将周期又划分为 4 个连续的阶段，即初始阶段、细化阶段、构建阶段和交付阶段。初始阶段的主要目标是为系统建立商业案例和确定项目的边界。细化阶段的主要目标是分析问题领域，建立健全的体系结构基础，编制项目计划，淘汰项目中最高风险的元素。构建阶段的主要目标是实现软件系统的功能。交付阶段的目标是确保软件产品可以提交给最终用户。

(3) 业务建模的目的是使软件工程人员和商业工程人员之间正确地进行交流，从而保证他们在对业务的认识上是一致的。

(4) UML 仅仅是一种系统建模语言，它是良好的需求、分析与设计沟通工具，但它并没有告诉开发人员如何使用它。RUP 是一种软件开发方法，在它的整个过程中合理使用 UML，确保开发过程的可沟通性，最终为用户提供高质量产品。

(5) 与传统的瀑布式开发模型相比较，迭代化开发具有以下特点：允许变更需求，逐步集成元素，尽早降低风险，有助于提高团队的士气，生成更高质量的产品，保证项目开发进度，容许产品进行战术改变，迭代流程自身可在进行过程中得到改进和精练等。

(6) 迭代分为以下 4 个阶段。

① 先启（Inception）：目的是确定项目开发的目标和范围。

② 精化(Elaboration)：目的是确定系统架构和明确需求。

③ 构建(Construction)：目的是实现剩余的系统功能。

④ 产品化(Transition)：目的是完成软件的产品化工作，将系统移交给客户。

第 3 章　略

第 4 章

1. 选择题

题号	(1)	(2)	(3)	(4)	(5)	(6)	(7)	(8)	(9)	(10)
答案	C	A	C	A	A	B	C	A	B	C

2. 问答题

(1) 业务建模的目的如下。

① 了解目标组织(将要在其中部署系统的组织)的结构及机制，从中提取系统的角色，从而为抓取用例提供角色支持。

② 了解目标组织中当前存在的问题并确定改进的可能性。

③ 确保客户、最终用户和开发人员就目标组织达成共识。由于开发人员的权利和义务正好和涉众相反，所以就系统目标达成一致是非常有必要的。

④ 导出支持目标组织所需的系统需求。开发人员在与涉众达到一致以后，可以将系统需求导出并文档化，这是后序工作的基础，也是项目验收的标准。

(2) 业务建模的任务是确定项目范围和高阶需求。

(3) 在活动图中用圆角矩形表示。活动具有以下特点。

① 原子性。活动是活动图中的最小构成单位，不可再分。

② 不可中断性。一旦运行必须直到结束，不可中断。

③ 瞬时行为性。活动是瞬时的行为，占用的处理时间极短。

④ 存在入转换。活动可以有入转换，动作状态必须有一条出转换。

(4) 活动图如附图 1 所示。

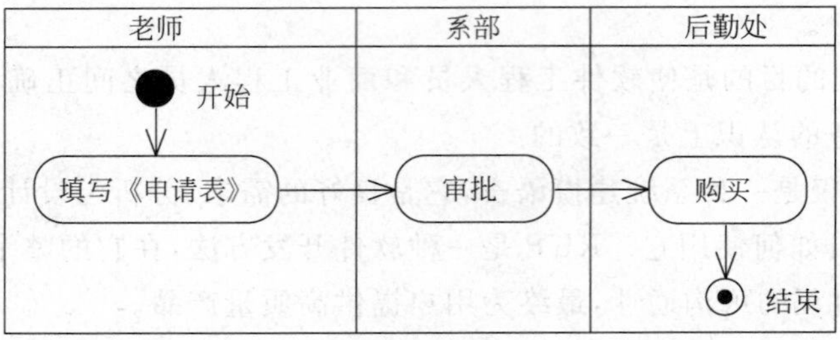

附图 1　问答题(4)活动图

(5) 活动图如附图 2 所示。

(6) 略

(7) 略

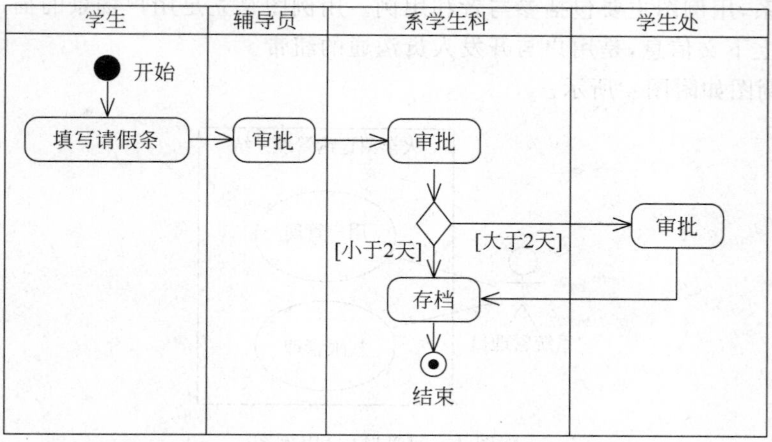

附图 2 问答题(5)活动图

第 5 章

1. 选择题

题号	(1)	(2)	(3)	(4)	(5)	(6)	(7)	(8)	(9)	(10)
答案	B	A	A	D	C	A	A	A	A	C

2. 问答题

(1) 使用用例法进行需求分析的优点如下。

① 驱动性。用例总是被参与者直接或间接地驱动,是通过参与者指示系统去执行的操作。

② 价值性。所谓价值性是指能够为使用该系统提供最大的价值,而提供负面价值或允许用户做不能够做的事的用例不是真正的用例。

③ 有值性。用例向参与者返回有价值的值,这些值是可以被识别的。

④ 完整性。用例必须是一个完整的动作序列描述。

⑤ 目标性。用例用于完成系统的某一特定目标,该目标的完成表明系统达到了预定的功能要求。

(2) 扩展关系,因为"查询学生信息"的运行并不依赖"导出 Excel",其用例图如附图 3 所示。

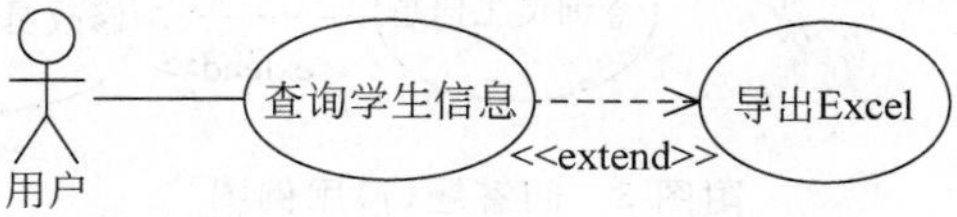

附图 3 问答题(2)用例图

(3) 用例图描述了系统提供的一个功能单元。用例图的主要目的是帮助开发团队以一种可视化的方式理解系统的功能需求,包括基于基本流程的"角色"关系,以及系统内用例之间的关系，用例图主要包括参与者和用例。用例图是立足用户场景的描述，为具体的需求提供了上下文信息，是用户与开发人员沟通的纽带。

(4) 用例图如附图 4 所示。

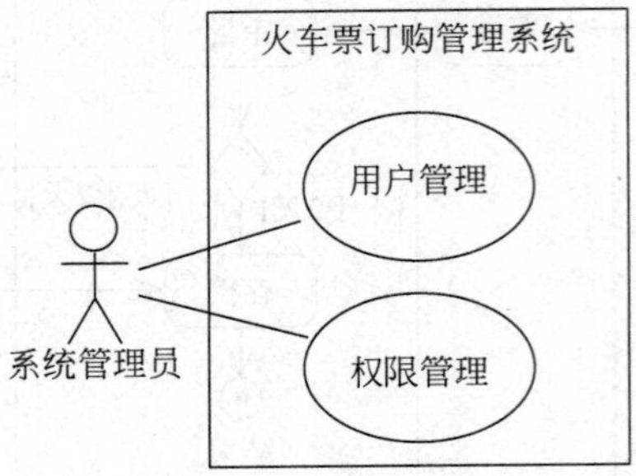

附图 4 问答题(4)用例图

用例规约略。

(5) 用户需求是指描述用户使用产品必须要完成什么任务，通常是在问题定义的基础上进行用户访谈、调查，对用户使用的场景进行整理，从而从用户角度建立的需求。系统分析员根据用户需求描述开发人员在产品中实现的软件功能叫功能需求。

(6) 用例图如附图 5 所示。

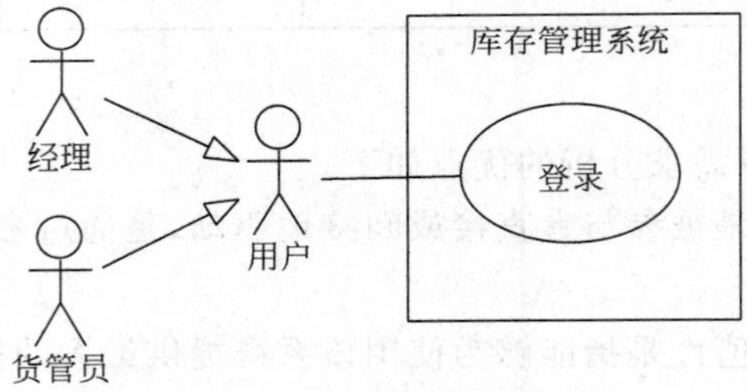

附图 5 问答题(6)用例图

(7) 用例图如附图 6 所示。

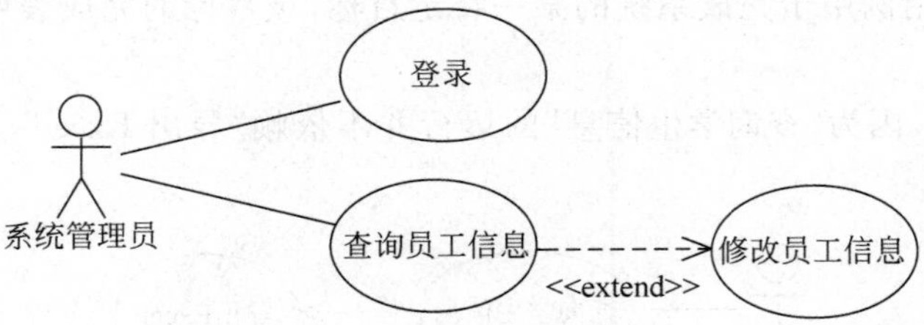

附图 6 问答题(7)用例图

(8) 略

(9) 略

(10) 略

第6章

1. 选择题

题号	(1)	(2)	(3)	(4)	(5)	(6)	(7)	(8)	(9)	(10)
答案	C	B	A	D	D	C	B	A	B	C

2. 问答题

(1) 包(Package)是一种对模型元素进行成组组织的通用机制，它把语义上相近的可能一起变更的模型元素组织在同一个包中，便于理解复杂的系统，控制系统结构各部分间的接缝。包是一个概念性的模型管理的图形工具，只在软件的开发过程中存在。

(2) 如教材图 6-12 所示。

(3) 略

(4) 软件体系结构是具有一定形式的结构化元素，即构件的集合，包括处理构件、数据构件和连接构件。处理构件负责对数据进行加工，数据构件是被加工的信息，连接构件把体系结构的不同部分组合连接起来。

(5) 略

(6) 略

(7) 略

(8) 略

(9) 略

第7章

1. 选择题

题号	(1)	(2)	(3)	(4)	(5)	(6)	(7)	(8)	(9)	(10)
答案	C	C	C	D	D	D	C	B	C	A
题号	(11)	(12)	(13)	(14)	(15)	(16)	(17)	(18)	(19)	(20)
答案	B	C	B	B	D	D	A	A	B	B
题号	(21)	(22)								
答案	B	B								

2. 问答题

(1) 类图如附图 7 所示。

(2)类图如附图 8 所示。

(3) 用状态图对“对电话工作”的建筑如附图 9 所示。

(4) 略

(5) 活动图如附图 10 所示。

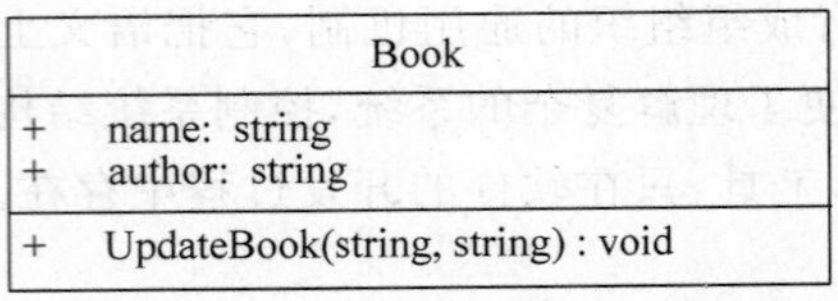

附图 7　问答题(1)图

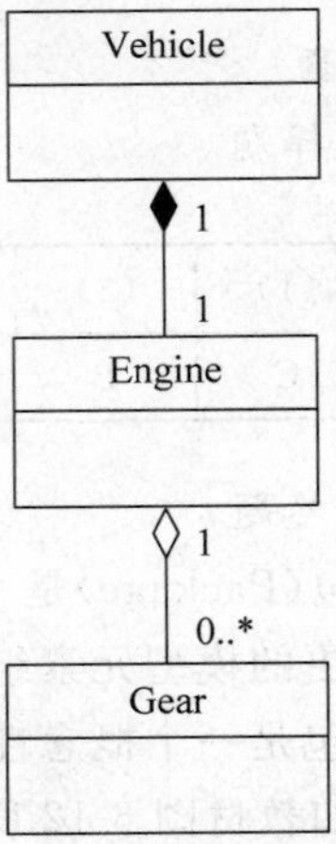

附图 8　问答题(2)图

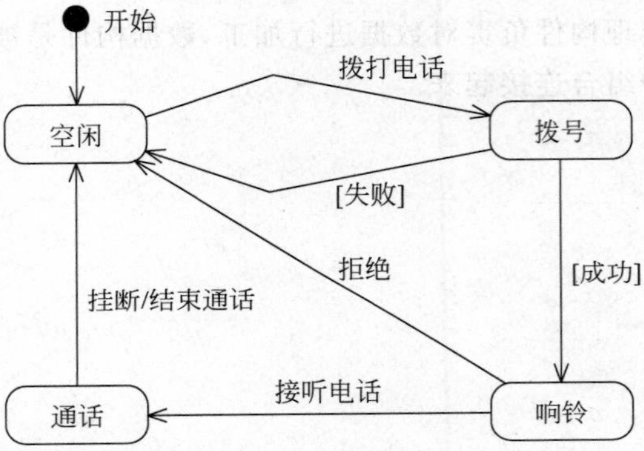

附图 9　问答题(3)图

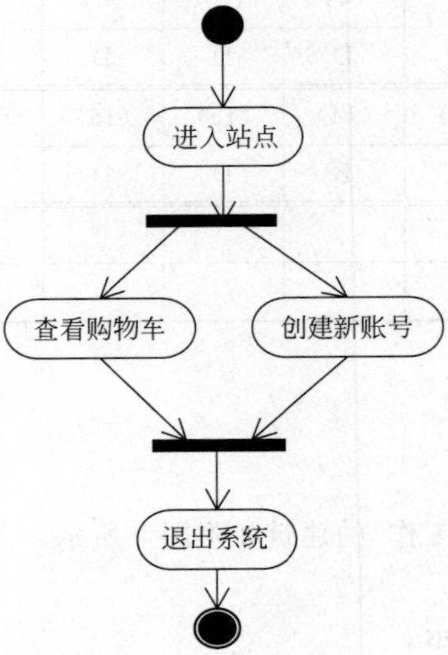

附图 10　问答题(5)图

(6) 顺序图如附图 11 所示。

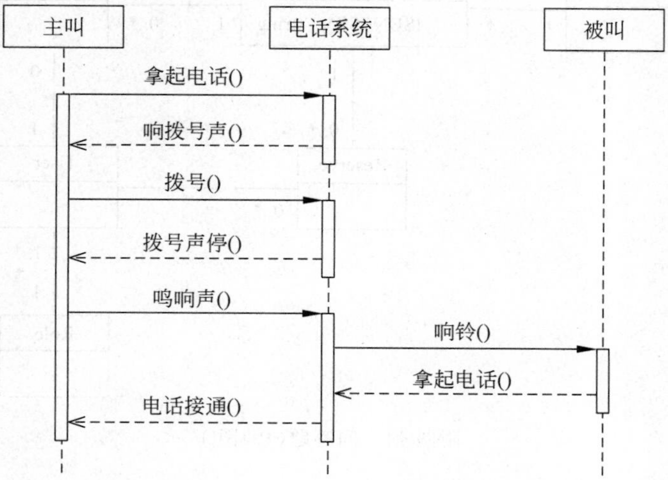

附图 11 问答题(6)图

(7) 在图书管理系统中的学生类和借书证类的关系如附图 12 所示。

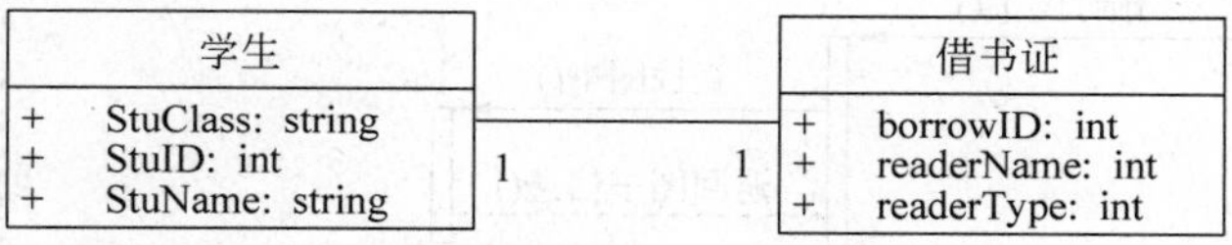

附图 12 问答题(7)图

(8) 类聚集关系如附图 13 所示。

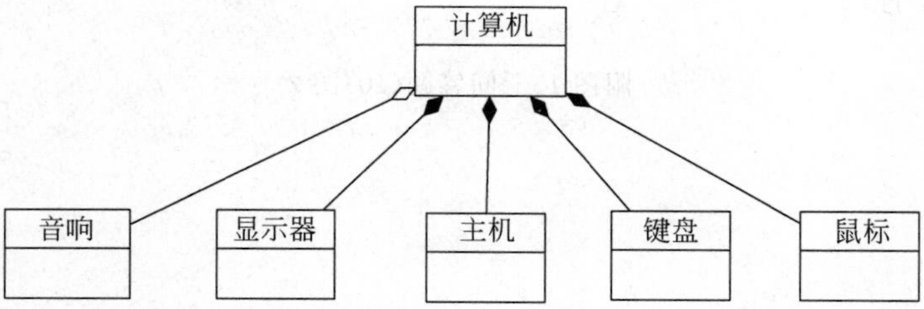

附图 13 问答题(8)图

(9) UML 中类间关系：泛化、实现、依赖、关联、聚合、组合。

(10)

① 借阅者、图书管理员、系统管理员。

② 系统中的类包括用户类(User)、用户角色类(Role)、图书类(Book)、预订类(Reserve)、借阅类(Loan)、书目类(Catalog)。

类图如附图 14 所示。

③ 语境“借阅者预订图书”的时序图如附图 15 所示。

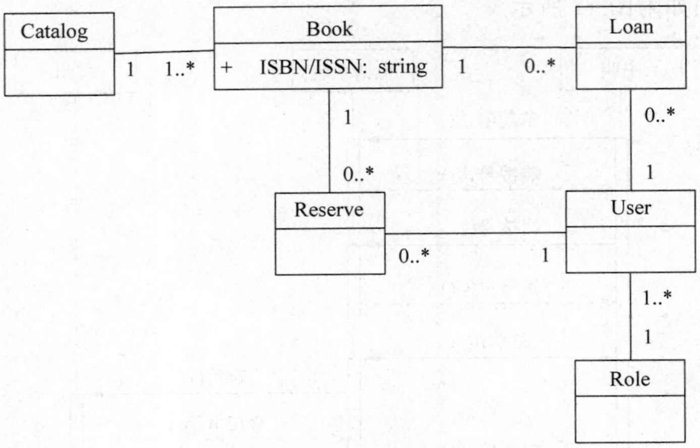

附图 14　问答题(10)图 1

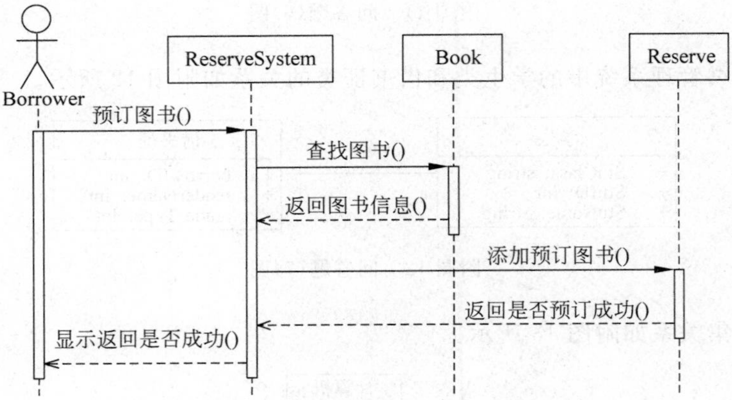

附图 15　问答题(10)图 2

参 考 文 献

[1] Alistair Cockburn. 编写有效用例[M]. 王雷，张莉，译. 北京：电子工业出版社，2012.
[2] Grady Booch，James Runbaugh，Ivar Jacobson. UML 用户指南[M]. 邵维忠，麻志毅，马浩海，等，译. 北京：人民邮电出版社，2006.
[3] 唐涣然 . UML 嵌入式开发[M]. 北京：清华大学出版社，2008.
[4] 袁涛，孔蕾蕾. 统一建模语言 UML[M]. 北京：清华大学出版社，2008.
[5] 拉曼. UML 和模式应用[M]. 3 版. 李洋，等，译. 北京：机械工业出版社，2006.
[6] 赖信仁 . UML 团队开发流程与管理第[M]. 2 版. 北京：清华大学出版社，2012.
[7] 布奇，兰宝，雅各布 . UML 用户指南[M]. 2 版. 邵维忠，麻志毅，译. 北京：人民邮电出版社，2006.